# 电子工艺
## 基础与实训

主　　编　黄金刚　位　磊
本书编委　黄金刚　位　磊　刘　垣　曹海泉　胡少六
主　　审　曹海泉

华中科技大学出版社
http://www.hustp.com
中国·武汉

# 内 容 简 介

本书首先介绍了电子工艺的相关背景和理论知识,通过理论的学习来指导实践内容的完成。其次,本书还配有实训内容,具有较强的实用性,只要通过学习并亲自动手,就可以看到学习的成果并可将学到的电子工艺知识应用到实际的电子产品生产中。再次,本书的知识体系完整,将电子产品从无到有、从简单到复杂的整个工艺过程都进行了比较详细的阐述,既有基础的焊接技术,又有贴装生产技术;既有计算机辅助版图设计,又有印制电路板的制作;既有电子产品检测调试技能,又有电子产品故障排除经验。

全书共分 8 章。前四章为电子工艺的基础篇,第 1 章介绍了电子工艺的发展历程、新技术与工艺管理的相关概念,第 2 章从安全的角度阐述了实训中的操作安全与安全用电问题,第 3 章介绍了电子产品组装中常用的工具与电子测试仪器仪表,第 4 章详细介绍了电子元器件的识别、测试与选择。后 4 章为电子工艺的技术及实训篇。第 5 章主要介绍了电子产品的焊接技术与工艺,重点讲解了手动焊接技术与表面贴装技术;第 6 章以 OCL 功率放大器为例介绍了印制电路板的设计与制作;第 7 章简述了电子产品检测、调试技术;第 8 章是实训内容,以六个小型电子产品为例设计了四类实验,分别为 THT 手工焊接训练、SMD/SMC 手工焊接训练、SMT 表面贴装技术训练、PCB 电路板的设计与制作。

本书可作为计算机科学与技术、软件工程、通信工程、电子信息工程、光电信息工程、自动化、电子科学与技术、生物工程、应用电子、电气工程、环境工程、现代制造等工科类各专业的电子工艺实训教材。

为了方便教学,本书还配有电子课件等教学资源包,任课教师和学生可以登录"我们爱读书"网(www.ibook4us.com)免费注册浏览,或者发邮件至 hustpeiit@163.com 免费索取。

**图书在版编目(CIP)数据**

电子工艺基础与实训/黄金刚,位磊主编.—武汉:华中科技大学出版社,2016.3(2023.2 重印)
应用型本科信息大类专业"十三五"规划教材
ISBN 978-7-5680-1593-6

Ⅰ.①电… Ⅱ.①黄… ②位… Ⅲ.①电子技术-高等学校-教材 Ⅳ.①TN

中国版本图书馆 CIP 数据核字(2016)第 050962 号

电子工艺基础与实训　　　　　　　　　　　　　　　　　　　　黄金刚　位　磊　主编
Dianzi Gongyi Jichu yu Shixun

策划编辑:康　序
责任编辑:康　序
封面设计:原色设计
责任校对:张会军
责任监印:张正林
出版发行:华中科技大学出版社(中国·武汉)　　　电话:(027)81321913
　　　　　武汉市东湖新技术开发区华工科技园　　　邮编:430223
录　　排:武汉正风天下文化发展有限公司
印　　刷:武汉科源印刷设计有限公司
开　　本:787mm×1092mm　1/16
印　　张:11.75
字　　数:320 千字
版　　次:2023 年 2 月第 1 版第 5 次印刷
定　　价:28.00 元

# 前言

电子工艺,简言之,就是电子产品的生产艺术,其目标就是生产出具有艺术美感的电子产品。现在的苹果智能手机就是电子工艺的杰出代表作品,其功能性与艺术性达到近乎完美的境界,功能强大和外观优美使世人对苹果智能手机狂热追捧。据 2015 年 11 月《福布斯》杂志的分析报告,苹果在全球智能手机领域的市场份额占有率(按销量计算)大约为 15%,而市场利润占有率超过 90%,这就是电子工艺的力量。

电子工艺,就是要把电子产品当作艺术品来制作。电子工艺体现在电子产品生命周期的全过程。它既可以是设计阶段的能消减信号杂音的元件布局,也可以是制板阶段的能确保绿色环境的蚀刻流程,还可以是组装阶段的能减少虚焊焊点的焊接技法,还可以是检测阶段的能快速找出故障的传承经验,还可以是外壳制造阶段的具有艺术美感的形状色彩等。

目前,"大众创业,万众创新"的热潮已在大学生中兴起,很多成果要用电子产品来展现,因此,培养大学生的电子工艺的思维习惯和实际技能就显得非常迫切了。本书就是为此目的而编写的。

编者在总结多年电工与表面贴装的电子工艺实践教学经验的基础上,吸收了同类院校的研究成果和新的电子工艺技术,旨在满足高等教育理工类本科及专科人才的电子工艺的实践性教学环节要求。学生通过电子工艺的实训,可以了解和掌握从基础到现代的电子工艺技能,能在实践中不断地去体验、总结和提高。全书共分八章,第 1 章为电子工艺概述,第 2 章为操作安全与安全用电,第 3 章为电子工艺常用工具与仪器,第 4 章为电子元器件的识别、测试与选择,第 5 章为电子产品焊接技术与工艺,第 6 章为印制电路板的设计与制作,第 7 章为电子产品检测技术,第 8 章为电子工艺实训内容。前四章为电子工艺的基础篇,后四章为电子工艺的技术篇。前四章由文华学院位磊执笔,胡少六参编;后四章由文华学院黄金刚执笔,刘垣、曹海泉参编;全书由文华学院曹海泉高级工程师主审。本书在章节和内容的安排上有如下特点。

(1) 理论指导实践。本书首先介绍相关的背景和理论知识,通过理论的学习来指导实践内容的完成。

（2）实用性强。无论是基础篇部分，还是技术篇部分，只要通过学习并亲自动手，就可以看到学习的成果并可将学到的电子工艺知识应用到实际的电子产品生产制作中。

（3）知识体系完整。将电子产品从无到有、从简单到复杂的整个工艺过程都进行了比较详细的阐述，既有基础的焊接技术，又有贴装生产技术；既有计算机辅助版图设计，又有印制电路板的制作；既有电子产品检测调试技能，又有电子产品故障排除经验。

本实训教程计划教学时间 2 周，记 2 个学分。在时间的安排上可按 1:1 的比例（1 周 40 学时），也可根据自己的实际情况有选择地调整学时。本书可作为计算机科学与技术、软件工程、通信工程、电子信息工程、光电信息工程、自动化、电子科学与技术、生物工程、应用电子、电气工程、环境工程、现代制造等工科类各专业的电子工艺实训教材。编者在教学工作和本书的编写工作中，得到了文华学院、华中科技大学出版社等多位领导、同事的大力支持和帮助，并参考了许多相关资料，借鉴了众多学者的研究成果，在此一并表示诚挚的感谢！

为了方便教学，本书还配有电子课件等教学资源包，任课教师和学生可以登录"我们爱读书"网（www.ibook4us.com）免费注册浏览，或者发邮件至 hustpei-it@163.com 免费索取。

由于编者水平有限，书中难免存在缺点和错误，敬请广大读者批评指正，我们将不胜感激！

编者

2017 年 12 月

# 目 录 CONTENTS

# 第❶章 电子工艺概述

 ## 1.1 工艺概述

### 1.1.1 工艺的产生与定义

工艺是生产者利用生产设备和生产工具,对各种原材料、半成品进行加工或处理,使之最后成为符合技术要求的产品的艺术(程序、方法、技术),它是人类在生产劳动中不断积累和总结的操作经验和技术能力。

说到工艺,人们很自然会联想起熟悉的工艺美术品。对于一件工艺美术品来说,它的价值不仅取决于材料本身以及方案的设计,更取决于它的制作过程——制造者对于材料的利用、加工操作的经验和技能。古人常说"玉不琢,不成器",这话生动地道出了产品制造工艺的意义。

显而易见,工艺产生于个人的操作经验和手工技能。但是如果在今天,仍然简单地从这个角度来理解工艺,则是很不全面的。我们知道,市场竞争、商品经济使现代化的工业生产完全不同于传统的手工业。如果说在传统的手工业中,个人的操作经验和手工技能是极其重要的话,那是因为那时人们对产品的消费能力低下,材料的来源稀少或不易获得,产品的生产者是极少数人,生产的工具、设备非常简陋,产品的款式、性能改变缓慢,生产劳动的效率十分低下,行业之间"老死不相往来",学习操作技能和经验的方式是"拜师学艺";那么可以说,在科学技术迅猛发展的当今世界,上面谈到的一切都已经发生了极大的变化。新产品一旦问世,马上就会成为企业家们关注的焦点,只要是具有使用价值、设计成功、能够获得丰厚利润的产品,立刻就会招来各方面的投资并被大批量地生产,引发亿万人的消费需求和购买欲望,与其相关的产品也会成批涌现出来。在产品的生产过程中,科学的经营管理、先进的仪器设备、高效的工艺手段、严格的质量检验和低廉的生产成本成为赢得竞争的关键;时间、速度、能源、方法、程序、手段、质量、环境、组织、管理等一切与商品生产有关的因素变成人们研究的主要对象。所以,现代化工业生产的制造工艺,与传统的手工业生产中的操作经验和人工技能相比较,已经有天壤之别了。

随着科学技术的发展,工业生产的操作者作为劳动主体的地位在获得增强的同时,也在一定的意义上发生了"异化":生产者按照工艺规定的生产程序,只需要进行简单而熟练的操作——他们在严格缜密的工艺训练指导之下,每一个操作动作必须是规范化的;或者他们经验性的、技巧性的操作劳动被不断涌现出来的新型设备所取代。

在英语中传统的手工工艺是 handicraft,工艺美术是 arts and crafts,而现代化的工业生产工艺是 industrial process 或 technological process。这两者的含义是截然不同的:前者具有"技巧""手艺"和操作者的"灵感"或"经验"的意味,而后者则强调突出了科学技术和工业化生产的整个过程。在国家技术监督局颁布的标准 GB/T 19000(IDT ISO 9000)系列标准《质量管理体系标准》中,不再将 process 译为"工序"或"工艺",而统一翻译为"过程",其定义为:将输入转化为输出的一组彼此相关的资源(包括人员、资金、设备、技术、方法等)和活动。

事实上,这不仅是个翻译技巧的问题。《牛津现代高级英汉辞典》中对 process 的解释为:相互关联的一系列的活动、经过、过程;一系列审慎采取的步骤、手续、程序;用于生产和实业中的方法、工序、制法。

显然,对于现代化的工业产品来说,工艺不仅仅是针对原材料的加工和生产的操作而言的,应该是从设计到销售包括每一个制造环节的整个生产过程。

对于工业企业及其产品来说,工艺工作的出发点是提高劳动生产率,生产优良产品及增加生产利润。它建立在对时间、速度、能源、方法、程序、生产手段、工作环境、组织机构、劳动管理、质量控制等诸多因素的科学研究之上。工艺学的理论研究及应用,指导企业从原材料采购进厂开始,到加工、制造、检验的每一个环节,直至成品包装、入库、运输和销售(包括销售活动中的技术服务及用户信息反馈),为企业组织有节奏的均衡生产提供科学的依据。可以说,工艺在产品制造过程中形成一条完整的控制链,它是企业科学生产的法律和法规。因而,工艺学是一门综合性的科学。

自从工业化以来,各种工业产品的制造工艺日趋完善,已成为专门的学科,并被大、中专院校工科专业确定为必修课程。例如:切削工艺学是研究用金属切削工具(借助机器设备)把各种原材料或半成品加工成符合技术要求的机械零件的工艺过程;电机工艺学是以电磁学为理论基础,研究各种发电机、电动机的制造技术;以及化工工艺学、纺织工艺学、焊接工艺学、冶金工艺学、土木工程学等。

电子产品的种类繁多,主要可分为电子材料(导线类、金属或非金属的零部件和结构件)、元件、器件、配件、整件、整机和系统。其中,各种电子材料及元器件是构成配件和整机的基本单元,配件和整机又是组成电子系统的基本单元。这些产品一般由专业的厂家生产,必须根据这些产品的生产特点制定不同的制造工艺。同时,电子技术的应用极其广泛,产品可分为计算机、通信、自动控制、仪器仪表等几大类,根据工作方式及其使用环境的不同要求,其制造工艺又各不相同。所以,电子工艺学实际上是一个覆盖范围极其广泛的学科。

## 1.1.2　电子工艺学的特点

电子工艺学是一门在电子产品设计和生产中起着重要作用的技术学科。随着信息时代的到来,人们逐渐认识到,没有先进的电子工艺就制造不出高水平、高性能的电子产品。因此,在我国的许多高等学校中相继开设了电子工艺课程。

作为一门与生产实际密切相关的技术学科,电子工艺学有着自己的特点,具体有以下几个。

### 1. 涉及众多学科

电子工艺与众多的学科相关联,其中最主要的有应用物理学、化学工程技术、光刻工艺学、电气电子工程学、机械工程学、金属学、焊接学、工程热力学、材料科学、微电子学、计算机科学等。除此之外,还涉及财务管理、企业管理等众多学科。因此,它是一门综合性很强的技术学科。

### 2. 形成时间较晚,发展迅速

电子工艺技术虽然在生产实践中一直被广泛应用,但其作为一门学科而被系统地进行研究的时间却不长。我国系统论述电子工艺的书籍不多,20 世纪 70 年代初第一本系统论述电子工艺的书籍才面世,20 世纪 80 年代后在部分高等学校中才开设相关课程。随着电子技术的飞速发展,人们对电子工艺提出了越来越高的要求,在实践中不断探索新的工艺和方法,寻找新的工艺材料,使电子工艺的内涵及外延迅速扩展。可以说,电子工艺学是一门充满蓬勃生机的技术学科。

**3. 实践性强**

电子工艺的概念贯穿于电子产品的设计、制造过程,与生产实践紧密相连。所以,高等院校工科类专业开设的电子工艺课程中,实践环节是极其重要的,是相关专业能否培养出合格工程师的不可或缺的环节。因此,电子工艺课程具有很强的实践性,能够很好地培养学生的动手能力。

**4. 电子工艺学科是技术复合型学科**

电子工艺涉及众多技术学科,相关的技术信息分散在这些学科中间,电子工艺学与这些学科的关系是相辅相成的,是一个技术复合型学科。因此,对电子工艺工程师的知识面、实践能力等都有比较高的要求,也就是通常所说的复合型人才。

本书主要介绍电子整机(包括配件)产品的制造工艺。电子整机产品的生产过程主要涉及两个方面:一方面是制造的技术手段、设备条件和操作技能;另一方面是产品在生产过程中的质量控制和工艺管理。我们可以把这两个方面理解为“硬件”和“软件”之间的关系,对于现代化电子产品的大批量生产来说,这两个方面都很重要,需要我们认真掌握相关技能,为今后走上工作岗位打下基础。

## 1.1.3 电子工艺的发展历程

**1. 导线直连技术**

电子工艺技术的发展历史可以追溯到 19 世纪末 20 世纪初,以电报、电话等电子产品的诞生和应用为起始。在印制电路技术诞生前,电子产品的互连工艺是以导线直连完成的。

电子管的问世,宣告了一个新兴行业的诞生,它引领人类进入全新的发展阶段,电子技术的发展由此展开,世界从此进入了电子时代。电子管在应用中安装在电子管座上,而电子管安装在金属底板上,组装时采用分立引线进行器件和电子管座的连接,体积庞大碳膜电阻、纸介电容以及大线圈都具有很长的引线,还有作为元器件连接支撑的焊片板,通过导线连接完成最终的电气互连。

这种组装工艺实现了早期的电子技术应用产品化,在人类社会发展中具有划时代的意义。但是,其最大的不足是庞大的体积和重量。1946 年诞生于美国的第一台电子计算机,总共安装了 17 468 只电子管、7 200 只二极管、70 000 多只电阻器、10 000 多只电容器和 6 000 只继电器,电路的焊接点多达 50 万个,机器被安装在一排 2.75 m 高的金属柜里,占地面积为 170 $m^2$ 左右,总重量达到 30 t。

显然,这样原始的组装工艺只能通过纯手工的方式完成连接,制造模式也是手工作坊式的初级生产。随着印制电路板技术的诞生和逐步成熟,这样的原始方式才逐渐被取代。

**2. 印制电路技术**

电子制造工艺技术中,最伟大的发明应该是印制电路技术。印制电路板对于电子产品,犹如住宅和道路对于人类社会一样重要。

从 1903 年开始,德国、美国、英国等国许多科技发明家和工程师,不断研究和探索电路连接及制造电路图形的方法,伟大的发明家爱迪生在 1904 年提出的电路制作思路,已经具有现代主流印制电路技术的概念。20 世纪 40 年代到 50 年代,经过不同国家、不同企业和研究机构经历数十年的共同探索和改进,发明了多种印制电路板制造工艺专利,终于制造出了现代意义上的印制电路板,并大量应用于电子产品。

不断发展的 PCB 技术使电子产品设计、装配走向标准化、规模化、机械化和自动化,体积减小,成本降低,可靠性、稳定性提高,装配、维修简单。在电子系统所有零部件中,没有比印制电路板更重要的了。可以说,没有印制电路板就没有现代电子信息产业的高速发展。

**3. 晶体管**

印制电路的发明和应用开启了电子产品小型化、轻型化的大门,但是庞大、笨重而耗电的电子管阻碍了这个历史进程。

1947 年贝尔实验室发明了半导体点接触式晶体管,从而开创了人类的硅文明时代。半导体器件的出现,低电压工作的晶体管器件的应用,不仅改变了人们的生活方式,也使人类进入了科技发展的快车道。晶体管加印制电路,催生了人类历史上第一个便携式产品——助听器,随后晶体管收音机更是开创了电子产品小型化、轻型化和大众化的时代。

**4. 集成电路**

集成电路是近代最伟大的发明之一,是实现电子工艺跨越式发展的发动机,开始了信息时代的伟大革命。作为所有电子装置核心的微型硅片,无可争论地成为自原油以来最重要的工业产品;没有它,就不可能有个人计算机和手机,也没有因特网。半导体集成电路和电灯、电话和汽车一样,彻底改变了世界。

**5. 通孔插装技术**

从印制电路进入实用化到集成电路应用初期约 30 年时间,电子制造工艺技术的主流是通孔插装技术,即将有较长引线的晶体管、双列直插封装的集成电路和有引线的无源器件,通过印制电路板上的通孔,在电路板另一面进行焊接连接而制造印制电路板组件的工艺技术。

**6. 表面贴装技术**

20 世纪 70 年代发展起来的表面贴装技术是克服通孔插装技术的局限性而发展起来的。表面贴装是将体积缩小的无引线或短引线片状元器件直接贴装在印制电路板铜箔上,焊点与元器件在电路板的同一面。

表面贴装技术从原理上来说并不复杂,似乎只是通孔插装技术的"改进",但实际上这种改进引发了从组装材料到工艺、设备等电子组装技术全过程的变革,实现了电子产品组装的高密度、高可靠性、小型化、低成本,以及生产的自动化和智能化,完全可以称为组装制造技术的一次革命。

## 1.1.4 电子工艺的发展趋势

未来电子工艺技术的发展趋势是技术的融合与交汇、产品绿色化以及微组装技术的发展这三个方面。

**1. 技术的融合与交汇**

由于电子产品的日益微小型化和复杂化,传统的行业划分概念逐渐模糊,产业链上下游技术联系密不可分,因而解决组装技术问题和考虑组装技术发展时,思路不能仅仅局限于传统的组装技术范围,而要以综合化、系统化的思路去研究和拓展技术思维。以下三个方面是已经日益明显的发展趋势。

1)封装技术与组装技术的融合

传统的观念认为封装技术属于半导体制造,其尺寸精确度和技术难度高于组装技术,属于高技术范畴,而组装技术则属于工艺范畴。但是自从片式元器件进入 0603、0402 以及 IC 封装引脚节距小到 0.4 mm、0.3 mm 以来,组装定位和对准的精确度已经跨入微尺寸的范围。例如,倒装片贴装,要求可重复精度小于 4 $\mu$m,接近微尺寸的下限。随着组装技术的进一步发展,封装技术与组装技术融合的趋势将更加明显,如图1-1所示。

图 1-1 封装技术与组装技术的融合示意图

2)PCB 与 SMT 的渗透

PCB 的发明和应用是电子制造技术的重要里程碑,其技术的成熟和发展的深入程度在 SMT 之上,但近年来电子产品的日益微小型化和复杂化,再加上无铅化的要求,使 PCB 与 SMT 这两个相依的行业联系更加密切,相互渗透的趋势日益明显。

在 PCB 技术中关注和研究无铅焊接对 PCB 表面涂层性能和可靠性的影响已经很普遍,而 SMT 行业在发展中也发现组装质量和产品可靠性与 PCB 的关系越来越大,二者的进一步相互联系和相互渗透是组装技术发展的必然趋势。

3)元器件制造与板级组装技术的交汇

随着电子产品复杂性的提高和技术发展的深入,一方面电子组装技术已经从被动应对不断推出的形形色色结构复杂、尺寸缩小的元器件贴装,逐渐开始关注元器件组装性能、标准化和元器件本身可靠性等问题,从而促进元器件制造的发展,进而推动整个电子制造技术的进步;另一方面,不断发展的高密度组装技术促成元器件制造与板级组装技术的交汇——PCB 内嵌入元器件的新技术,如图 1-2 所示。

图 1-2 元器件制造与板级组装技术的融合与交汇

## 2. 产品绿色化

以欧盟 RoHS 指令为起点,继而 WEEE、EuP 和 REACH 指令相继推出,在全世界掀起了以绿色制造为主的一股"绿色浪潮"。这也成为 21 世纪初在电子制造行业中影响最大的事件。其中,首先开始的是无铅化,这对已经趋于成熟的表面贴装技术提出了挑战,迄今依然没有找到理想的应对方案。

环境保护、节约资源是一个庞大的系统工程。然而仅对于无铅化而言,由于人们现在实际使用的无铅焊料,其焊接温度比有铅焊料高出 30 ℃以上,据专家估计,这会使得能源损耗增加 18%。对于现在全球面临的由于能耗剧增而导致气候变暖,造成地球的"温室效应"而引发种种前所未有的异常自然灾害来说,无铅的环境保护作用很有可能是"得失相当",甚至是"得不偿失"。因而,现在无铅化远远不是具体实施的问题,而是从源头上继续探索的问题。

另一个绿色制造的焦点是无卤,即在电子产品中不使用卤族元素。多年来在电子产品大量使用的聚合物、印制电路板中,卤族元素是最有效的阻燃剂。尽管研究机构已经提出多种卤族元素的代替物,一部分厂商也推出无卤材料和无卤印制电路板,然而这些替代物及实际使用的无卤材料的长期稳定性和可靠性,还没有经过实际使用环境的长期考验,同时这些替代物及实际使用的无卤材料本身的安全性也缺乏可靠的实验证明。

另外,在绿色制造的其他方面,如绿色设计、能源效率、产品回收并大部分循环使用等更多、更复杂的问题,无论学术界的研究,还是企业界的实施,都只是刚刚开始,对电子组装业现在和长期的影响,目前还很难评估。

**3. 微组装技术的发展**

早在 20 世纪 80 年代中期,随着电子产品小型化需求的增大,集成电路的快速发展和新型微小型化封装的不断涌现以及表面组装技术的蓬勃发展,科技界就正式提出了微组装技术的概念和术语。经过近 30 年的发展,尽管已经有许多新产品,如智能传感器和精密生物化学分析仪被开发并成功结合,应用到交通运输和生物医学产品中,但是对于大多数机电系统产品而言,许多早期的产品化期望并未实现。

导致微组装系统和微系统产品化发展缓慢的因素是多种多样的。基本原因是微组装系统的极端复杂性,它涉及的领域已经远远超过了电子学和电子制造系统的领域。它是微电子、精密机械、光电子、材料、自动控制,甚至生物医学和流体力学等技术学科交融综合的一门新兴技术学科。其基础则涉及物理学、化学、力学、光学、生物学和系统与控制学等。如此众多学科的交融综合所涉及的许多原理和理论,以及对在科学研究和工程实践中不断出现的新现象、新问题的深入认识和试验,需要科技界和工业界坚持不懈的努力,才能最终实现微系统的产品化。

## 1.1.5 我国电子产品制造工艺的现状

以前,我国工业水平起点较低,各种制造工艺也比较落后。20 世纪 50 年代,我国工程技术人员到国外(主要是苏联和东欧各国)学习工业产品的制造工艺,各大专院校开始设置相应的工艺学课程,为这些工程技术的教育、普及、研究和发展打下了良好的基础。

在新中国成立之初,我国工业处于百废待兴的发展阶段,各行各业的技术竞赛和技术交流十分广泛,涌现出一大批人们熟悉的全国劳动模范。他们在自己平凡的工作岗位上,刻苦钻研新的工艺技术和操作技能,为我国的工业进步做出了重要的贡献。例如,当年只有 18 岁的上海德泰模型工厂学徒工倪志福,针对使用工具钢麻花钻头在合金钢上钻孔经常烧毁的现象,不断摸索,总结经验,发明了普通钻头的特殊磨制方法,使工作效率提高了几十倍。用这种方法磨制的钻头被称为"倪志福钻头"并蜚声海内外。经过我国金属切削专家多年的分析研究,于 20 世纪 60 年代初向全世界公布了这种钻头的切削机理,同时还推出了适合在各种材料上钻孔的钻头磨制标准。直到现在,"倪志福钻头"还在金属机械加工中普遍应用。是否会磨制这种钻头,已经作为考核机械技术工人技能的基本试题。

电子工业是在最近几十年里才发展起来的新兴工业,在日本、美国等工业发达国家中(也可以说在全世界的范围里),电子工业发展的速度之快,产品市场竞争的激烈程度,都是前所未有的。各个厂家、各种产品的制造工艺一般都相互保密,对外技术转让一般都有所保留。等到我国经济从 20 世纪 70 年代末期开始改革开放时,电子工业水平已经比国际水平落后了很多,电子工艺学的研究基本上处于空白状态,各高校普遍缺乏电子工艺学教育,派往国外的留学进修人员也由于技术保密而一般不能进入工程关键部门学习。我国传统的教育观念及经济体制也使电子工艺学的宣传教育十分薄弱,各行业企业之间的工艺交流很少开展。

从新中国成立之初到 21 世纪的今天,我国的电子工业从无到有、从小到大,直到现在我国已成为全世界电子产品制造的加工厂,发生了巨大的变化。当年全国仅有几家无线电修理厂,发展到今天,我国已经形成了门类齐全的电子工业体系。在第一个五年计划期间,国家投入大量资金,在北京东郊建起了一批大型电子骨干企业,对带动全国电子工业的发展起到了重要的作用。这片规模宏大的电子城,曾经是新中国电子工业的象征和骄傲。现在,几十年过去了,中国的电子工业历经了改革开放的洗礼、资产重组的调查、商业经济的冲突,发生了巨大的变化。电子产品制造业的热点已转移到我国东南沿海地区。从宏观上看,世界各工业发达国家和地区的电子厂商纷纷在珠江三角洲和长江三角洲建设了工厂,这里制造的电子产品行销全世界;但在某些城市和地区,电子产品制造企业的发展和生存却举步维艰,缺少技术先进、能够大批量生产的产品,缺乏稳定的工艺技术队伍,缺少知名度高的过硬品牌。所以,我国电子产品制造业从整体来说,虽然不断从发达国家引进最先进的技术和设备,却一直未能形成系统的、现代化的电子产品制造工艺体系。我国电子行业的工业现状是"两个并存":先进的工艺与陈旧的工艺并存,先进的技术与落后的管理并存。

以上原因造成了如下结果:很多产品在设计时的分析计算非常精确,实际生产出来的质量却不理想,性能指标往往达不到设计要求或者不够稳定;有些产品从图纸到元器件全部从发达国家引进,而生产出来的却比"原装机"的质量差,实现国产化困难;相当多的电子新产品的"设计"还只是停留在仿造国外产品的水平上,对于设计机理的研究及如何根据国内实际工艺条件更新设计的工作却没有很好地落实;在有些小厂或私营企业中,缺乏必要的技术力量,完全没有实现科学的工艺管理,工人照着"样板"或"样机"操作,还停留在"小作坊"的生产方式中。

事实是,国内外或者国内各厂家生产的同类电子产品相比,它们的电路原理并没有太大的差异,造成质量水平不同的主要原因存在于生产手段及生产过程之中,即体现在电子工艺技术和工艺管理水平的差别上。在我国经济比较发达的沿海城市,或者工艺技术力量较强、实行了现代化工艺管理的企业中,电子产品的质量就比较稳定,市场竞争力就比较强。同样,对于有经验的电子工程技术人员来说,他们的水平主要反映在设计方案时充分考虑了加工的可能性和工艺的合理性。

众所周知,三十多年以来的经济改革,使我国的电子工业走上了腾飞之路。但迄今为止,我国还有一部分大、中型工业企业的经济体制转轨尚未结束,管理机制转变的阵痛既不可避免,也给工艺技术的发展进步造成了一些负面的影响。原来的大、中型国有企业纷纷划小核算单位,使工艺技术人员和工艺管理人员的流失成为比较普遍的现象;对于那些工艺技术及管理本来就落后的小型工厂或私营企业,市场的剧烈波动、产品的频繁转向使之无暇顾及工艺问题,工艺技术落后、工艺管理混乱、工艺纪律不严和工艺材料不良的情况及假冒伪劣的产品常有发生。但是应该相信,一旦企业度过了经济改革的困难阶段、建立起科学的管理机制,就需要一大批懂得现代科学理论的工艺技术人员;特别是我国已经成为世界贸易组织成员方的今天,贯彻 ISO 9000 质量管理体系标准、推行 3C 认证已经成为我国一项重要的技术经济政策,加强电子工艺学的普及教育,开展电子产品制造工艺的深入研究,对于培养具有实际工作能力的工程技术人员和工艺管理人员,对于我国电子工业赶超世界先进水平都有很大的帮助。

在经济飞速发展的今天,全世界进入了后工业化时代,在工业产品的制造过程中,科学的管理成为第一要素,缜密而有序的工艺控制、质量控制成为生产组织的灵魂,研究并推广现代化的工艺技术,已经成为工程技术人员的主要职责。

## 1.2　电子工艺的工作程序

电子工艺工作程序是指产品从预研制阶段、设计性试制阶段、生产性试制阶段,直到批量性生产(或质量改进)的各阶段中有关工艺方面的工作规程。工艺工作贯穿于产品设计、制造的全过程。

### 1.2.1　产品预研制阶段的工艺工作

**1. 参加新产品设计调研和老产品的用户访问**

企业在确定新产品主持设计师的同时,应该确定主持工艺师。主持工艺师应该参加新产品设计调研和老产品的用户访问工作。

**2. 参加新产品的设计和老产品的改进设计方案论证**

针对产品结构、性能、精度的特点和企业的技术水平、设备条件等因素,进行工艺分析,提出改进产品工艺的意见。

**3. 参加新产品初样试验与工艺分析**

对按照设计方案研制的初样进行工艺分析,对产品试制中可以采用的新工艺、新技术、新型元器件及关键工艺技术进行可行性研究试验,并对引进的工艺技术进行消化吸收。

**4. 参加新产品初样鉴定会**

参加新产品初样鉴定会,提出工艺性评审意见。

### 1.2.2　产品批量生产阶段的工艺流程

**1. 完善和补充全套工艺文件**

按照完整性、正确性、统一性的要求,完善和补充全套工艺文件。

**2. 制定批量生产的工艺方案**

批量生产的工艺方案,应该在总结生产性试制阶段情况的基础上,提出批量投产前需要进一步改进、完善的工艺、工装和生产组织措施的意见和建议。批量生产工艺方案的主要内容如下。

(1)对生产性试制阶段工艺、工装检验情况的小结。

(2)工序控制点的设置意见。

(3)工艺文件和工艺装备的进一步修改、完善意见。

(4)专用设备和生产线的设计制造意见。

(5)有关新材料、新工艺、新技术的采用意见。

(6)对生产节拍的安排和投产方式的建议。

(7)装配、调试方案和车间平面布置的调整意见。

(8)提出对特殊生产线及工作环境的改造与调整意见。

**3. 进行工艺质量评审**

在产品批量投产之前,工艺质量评审要围绕批量生产的工序工程能力进行。特别是对于生产批量大的产品,要重点审查生产薄弱环节的工序工程能力。审查的具体内容如下。

(1)根据产品批量进行工序工程能力的分析。

（2）对影响设计要求和产品质量稳定性的工序的人员、设备、材料、方法和环境等五个因素的控制。

（3）工序控制点保证精度及质量稳定性要求的能力。

（4）关键工序及薄弱环节工序工程能力的测算及验证。

（5）工序统计、质量控制方法的有效性和可行性。

**4．组织、指导批量生产**

按照生产现场工艺管理的要求，积极采用现代化的科学管理方法，组织、指导批量生产。

**5．产品工艺技术总结**

产品工艺技术总结应该包括以下内容。

（1）生产情况介绍。

（2）对产品性能与结构的工艺性分析。

（3）工艺文件成套性审查结论。

（4）产品生产定型会的资料和结论性意见。

 ## 1.3　电子工艺的管理

在电子工业工艺标准化技术委员会发布的《电子工业工艺管理导则》中，规定了企业工艺管理的基本任务、工艺管理的工作内容、工艺管理组织机构和各有关部门的工艺管理职能等。

### 1.3.1　电子工艺管理的基本任务

工艺工作贯穿于生产的全过程，是保证产品质量、提高生产效率、安全生产、降低消耗、增加效益、发展企业的重要手段。为了稳定提高产品质量、增加应变能力、促进科技进步，企业必须加强工艺管理，提高工艺管理的水平。

工艺管理的基本任务是在一定的生产条件下，应用现代科学理论和手段，对各项工艺工作进行计划、组织、协调和控制，使之按照一定的原则、程序和方法，有效地进行工作。

### 1.3.2　电子工艺管理人员的主要工作内容

**1．编制工艺发展计划**

为了提高企业的工艺水平，适应产品发展需要，各企业应根据全局发展规划、中远期目标和近期目标，按照先进与适用相结合、技术与经济相结合的方针，编制工艺发展规划，并制订相应的实施计划和配套措施。

工艺发展计划包括工艺技术措施规划（如新工艺、新材料、新装备和新技术攻关规划等）和工艺组织措施规划（如工艺路线调整、工艺技术改造规划等）。

工艺发展规划应在企业总工程师（或技术副厂长）主持下，以工艺部门为主进行编制，并经厂长批准实施。

**2．工艺技术的研究与开发**

工艺技术研究与开发的基本要求如下。

（1）工艺技术的研究与开发是提高企业工艺水平的主要途径，是加速新产品开发、稳定提高产品质量、降低消耗、增加效益的基础。各企业都应该重视技术进步，积极开展工艺技术的研究与开发,推广新技术、新工艺。

（2）为了搞好工艺技术的研究与开发,企业应给工艺技术部门配备相应的技术力量,提供必要的经费和试验研究条件。

（3）企业在进行工艺技术的研究与开发工作时,应该认真学习和借鉴国内外的先进科学技术,积极与高等院校和科研单位合作,并根据企业的实际情况,积极采用和推广已有的、成熟的研究成果。

**3. 产品生产的工艺准备**

产品生产的工艺准备的主要内容如下。

（1）新产品开发和老产品改进的工艺调研和考察。

（2）产品设计的工艺性审查。

（3）工艺方案设计。

（4）设计和编制成套工艺文件。

（5）工艺文件的标准化审查。

（6）工艺装备的设计与管理。

（7）编制工艺定额。

（8）进行工艺质量评审。

（9）进行工艺验证。

（10）进行工艺总结和工艺整顿。

**4. 生产现场工艺管理**

生产现场工艺管理的基本任务、要求和主要内容如下。

（1）生产现场工艺管理的基本任务是确保安全文明生产,保证产品质量,提高劳动生产率,节约材料,工时和能源消耗,改善劳动条件。

（2）制订工序质量控制措施。

（3）进行定制管理。

**5. 工艺纪律管理**

严格工艺纪律是加强工艺管理的主要内容,是建立企业正常生产秩序的保证。企业各级领导及有关人员都应严格执行工艺纪律,并对职责范围内工艺纪律的执行情况进行检查和监督。

**6. 开展工艺情报工作**

工艺情报工作的主要内容如下。

（1）掌握国内外新技术、新工艺、新材料、新装备的研究与使用情况。

（2）从各种渠道收集有关的新工艺标准、图纸手册及先进的工艺规程、研究报告、成果论文和资料信息,进行加工、管理,开展服务。

**7. 开展工艺标准化工作**

工艺标准化的主要工作范围如下。

（1）制定推广工艺基础标准(如术语、符号、代号、分类、编码及工艺文件的标准)。

（2）制定推广工艺技术标准(如材料、技术要素、参数、方法、质量控制与检验和工艺装备的技术标准)。

（3）制定推广工艺管理标准(如生产准备、生产现场、生产安全、工艺文件、工艺装备和工艺定额等)。

**8. 开展工艺成果的申报、评定和奖励**

工艺成果是科学技术成果的重要组成部分,应该按照一定的条件和程序进行申报,经过评定审查,对在实际工作中做出创造性贡献的人员给予奖励。

**9. 其他工艺管理措施**

(1) 制定各种工艺管理制度并组织实施。

(2) 开展群众性的合理化建议与技术改进活动,进行新工艺和新技术的推广工作。

(3) 有计划地对工艺人员、技术工人进行培训和教育,为他们更新知识、提高技术水平和技术能力,提供必要的方便及条件。

## 1.3.3 电子工艺管理的组织结构

企业必须建立权威性的工艺管理部门和健全、统一、有效的工艺管理体系。

本着有利于提高产品质量及工艺水平的原则,结合企业的规模和生产类型,为工艺管理机构配备相应素质和数量的工艺技术人员。

## 1.3.4 电子工艺文件的管理

**1. 工艺文件的定义及其作用**

按照一定的条件选择产品最合适的工艺过程(即生产过程),将实现这个工业过程的程序、内容、方法、工具、设备、材料及每一个环节应该遵守的技术规程,用文字表示的形式,称为工艺文件。工艺文件的主要作用如下。

(1) 组织生产,建立生产秩序。

(2) 指导技术,保证产品质量。

(3) 编制生产计划,考核工时定额。

(4) 调整劳动组织。

(5) 安排物资供应。

(6) 工具、工装、模具管理。

(7) 经济核算的依据。

(8) 加强工艺纪律。

(9) 产品转厂生产时的交换资料。

(10) 各企业之间进行经验交流。

工艺文件应根据产品的生产性质、生产类型、产品的复杂程度、重要程度及生产的组织形式编制。应该按照产品的试制阶段编制工艺文件。一般设计性试制阶段,主要是验证产品的设计(结构、功能)和关键工艺,要求具备零件、部件、整件工艺过程卡片及相应的工艺文件。生产性试制阶段主要是验证工艺过程和工艺装备是否满足批量生产的要求,不仅要求工艺文件正确、成套,在定型时还必须完成会签、审批、归档手续。工艺文件的编制应做到正确、完整、统一、清晰。

**2. 电子产品工艺文件的分类**

根据电子产品的特点,工艺文件通常可以分为基本工艺文件、指导技术的工艺文件、统计汇编资料和管理工艺文件用的格式等四类。

基本工艺文件是供企业组织生产、进行生产技术准备工作的最基本的技术文件,它规定了产品的生产条件、工艺路线、工艺流程、工具设备、调试及检验仪器、工艺装置、工时定额等。一切在生产过程中进行组织管理所需要的资料,都要从中取得有关的数据。基本工艺文件应该包括如下内容。

(1)零件工艺过程。

(2)装配工艺过程。

(3)元器件工艺表、导线及加工表等。

指导技术的工艺文件是不同专业工艺的经验总结,或者是通过试验、生产实践编写出来的用于指导技术和保证产品质量的技术条件,主要包括如下内容。

(1)专业工艺规程。

(2)工艺说明及简图。

(3)检验说明(方式、步骤、程序等)。

统计汇编资料是为企业管理部门提供各种明细表,作为管理部门规划生产组织、编制生产计划、安排物资供应、进行经济核算的技术依据,主要包括以下内容。

(1)专用工装。

(2)标准工具。

(3)材料消耗定额。

(4)工时消耗定额。

管理工艺文件用的格式包括以下几种。

(1)工艺文件封面。

(2)工艺文件目录。

(3)工艺文件更改通知单。

(4)工艺文件明细表。

### 3. 工艺文件的成套性

电子工艺文件的编制不是随意的,应该根据产品的具体情况,按照一定的规范和格式配套齐全,即应该保证工艺文件的成套性。

产品设计性试制的主要目的是检验设计是否合理、能否满足预定的功能、各种技术指标及工艺可行性。当然,也应该考虑在产品设计定型以后是否已经具备了进入批量生产的主要条件(如关键零部件、元器件、整机加工工艺是否已经过关等)。通常,整机类电子产品在生产性试制阶段定型时至少应该具备下列几种工艺文件。

(1)工艺文件封面。

(2)工艺文件明细表。

(3)自制工艺装备明细表。

(4)材料消耗工艺定额明细表。

(5)材料消耗工艺定额汇总表。

产品生产定型后,该产品即可正式转入大批量生产。因此,工艺文件就是指导企业加工、装配、生产路线、计划、调度、原材料准备、劳动组织、质量管理、工模量具管理、经济核算等工作的主要技术依据。所以,工艺文件的成套性,以及文件内容的正确性、完整性、统一性,在产品生产定型时应该进行重点审核。

### 4. 电子工艺文件的计算机处理及管理

随着计算机的广泛应用及其处理、存储文字和图形功能的迅速发展,使工艺文件的制作、管理已经全部电子化。所以,掌握电子工艺文件的计算机辅助处理方法及过程是十分必要的。

从前面的介绍知道,电子工艺文件基本上可以分成两类:工业技术类文件和工艺管理类文件。前者主要是电子工程图,后者的作用是为前者的保存及实施提供依据。

可以用来绘制电子工程图的计算机辅助处理软件很多,总结起来有以下两大类:

(1) 通用的计算机辅助设计软件(CAD,computer aided design),如 AutoCAD 等;

(2) 电路设计自动化软件(EDA,electronic design automatic)。

电路设计自动化软件 EDA 是根据电路设计的特点而专门开发的。EDA 是集电路原理图绘制、电路仿真、多层印质电路板设计(包含印制电路板自动布线)、可编程逻辑器件设计、电路表格生成等多项功能于一体的电路设计自动化软件。在国内使用较为广泛的此类软件有 Protel、Proteus、PADS、OrCAD 和 EWB 等。有关计算机辅助印制电路板图的设计电子工程图的相关内容,在本书的第 6 章中将会介绍。

可以用来编制工艺文件电子文档的应用软件也有很多种,目前在国内使用最为广泛的是通用办公自动化软件 Office 系列,其基本功能如下。

(1) 用文字处理软件编写各种企业管理和产品管理文件。

(2) 用表格处理软件制作各种计划类、财务类表格。

(3) 用数据库管理软件处理企业运营的各种数据。

(4) 编制上述各种文档的电子模板,使电子文档标准化。

**5. 工艺文件电子文档的安全问题**

用计算机处理、存储工艺文件,相对于以前用手工抄写、手工绘图的工艺管理文件来说,省去了描图、晒图的麻烦,减少了存储、保管的空间,修改、更新、查询都非常快捷、方便。但正是因为电子文档太容易修改、更新而且不留痕迹,误操作和计算机病毒的侵害都可以导致错误,带来严重的后果。故应采取以下措施来保障工艺电子文件电子文档的安全。

(1) 必须认真执行电子行业标准《设计文件管理制度》(SJ/T 207.1～8),建立 CAD 设计文件的履历表,对每一份有效的电子文档签字、备案。

(2) 定期检查、确认电子文档的正确性,刻成光盘,存档备份。

 ## 1.4　电子工艺新技术

**1. 全印制电子技术**

全印制电子技术不仅能够实现传统印制电路板的功能,而且可以实现电感、电容、电阻等元件,以及晶体管、电池等功能组件的打印制造,因而被称为打印印制电路板技术。

所谓全印制电子技术,是采用与喷墨打印机打印纸质文件一样的方法,将传统 PCB 制造工艺需要几十道复杂工序才能完成的电路图形,轻而易举地"打印"到基板上而制造出印制电路板。全印制电子技术有以下四大优点。

(1) 工序短。不需要制板、曝光、蚀刻等复杂工序,仅需 CAD 布图、钻孔、前处理、喷墨印制、固化即可。

(2) 省资源。可节约铜材及光敏、蚀刻等材料。

(3) 环保。由于不需要掩模、显影、蚀刻等化学过程,几乎无"三废"。

(4) 灵活。可以打印精细线条,可适用于刚性板基体,可以使用卷到卷生产方式,能高度自动化、多喷头并行动作从而获得高产能,可以用于三维组装,可实现有源和无源等功能件的集成。

### 2．光印制电路板技术

光印制电路板技术就是将光与电整合，以光信号进行信息传输，以电信号进行运算的新一代封装-组装技术。将目前发展得非常成熟的传统印制电路板加上一层导光层，使得电路板的使用发展到光传输领域。

光印制电路板开发应用涉及光电子、集成电路、高分子材料、印制电路工艺、电子组装工艺等各个领域，需要多学科、多领域专业技术的交叉融合，目前该技术仍然处于初级发展阶段，开始得到了市场的广泛认可。

### 3．逆序组装工艺技术

近年来，一种被称为逆序组装的全新的电子制造工艺引人注目，尽管目前这种技术还处于实验室研究和评估阶段，但其工艺思路的创新性和优越性（与常规工艺相比）令人耳目一新。

所谓逆序组装工艺是相对常规工艺而言的，如图 1-3 所示。常规的电子组装工艺，无论通孔插装还是表面贴装，都是先设计制造印制电路板，而后在印制电路板上安装元器件，并通过焊接完成电路连接，即先布线后安装元器件；逆序组装工艺则是先放置好元器件再进行布线，将 PCB 制造和组装制造融合在一起了。

PCB制造　　逆序制造　　组装制造

**图 1-3　逆序组装技术架构**

# 思 考 题

1．什么是工艺？工艺的起源和现代工艺的特点是什么？

2．电子工艺包括哪些方面的工艺过程？我国电子工业发展的现状如何？

3．产品预研试制阶段要做哪些工艺工作？

4．产品批量生产阶段要做哪些工艺工作？

5．电子工艺新技术有哪些？

# 第②章 操作安全与安全用电

 ## 2.1 电子产品组装操作安全

这里所说的电子产品组装泛指工厂规模化生产以外的各种电子装接工作,如电器维修、电子实验、电子产品研制、电子工艺实习以及各种电子制作等。其特点是大部分情况下为少数人或一个人操作,操作环境和条件千差万别,安全隐患复杂而没有明显的规律。因此,需要特别注意安全问题。

### 2.1.1 用电安全

尽管电子装接工作通常称为弱电工作,但实际工作中免不了要接触强电。一般常用工具(如电烙铁、电钻、电热风机等)、仪器设备和制作装置大部分需要连接强电才能工作,因此用电安全是电子装接工作的首要关注点。为了防止发生用电事故,必须十分重视安全用电。安全用电包括人身安全和设备安全。当发生用电事故时,不仅会损坏用电设备,而且还可能造成人身伤亡、火灾或爆炸等严重事故。因此,学习安全用电是十分必要的。实践证明,以下三点是安全用电的基本保证。

**1. 增强安全用电观念**

将安全用电的观念贯穿于工作的全过程,是安全的根本保证。任何制度、任何措施,都是由人来贯彻执行的,忽视安全是最危险的隐患。用电安全格言如下。

(1)只要用电就存在危险。

(2)侥幸心理是事故的催化剂。

(3)投向安全的每一分精力和物质永远保值。

**2. 采取基本安全措施**

工作场所的基本安全措施是保证安全的物质基础。基本安全措施包括以下几点。

(1)工作室电源符合电气安全标准。

(2)工作室总电源上装有漏电保护开关。

(3)使用符合安全要求的低压电器(包括电线、电源插座、开关、电动工具、仪器仪表等)。

(4)工作室或工作台上有便于操作的电源开关。

(5)从事电力电子技术工作时,工作台上应设置隔离变压器。

(6)调试、检验较大功率电子装置时工作人员不少于两人。

**3. 养成安全操作习惯**

习惯是一种下意识的、不经思索的行为方式。安全操作习惯可以经过培养逐步形成,并使操作者终身受益。根据经验,主要的安全用电操作习惯有以下几种。

(1)人体触及任何电气装置和设备时先断开电源。断开电源一般指真正脱离电源(如拔下电源插头,断开刀闸开关或断开电源连接),而不仅是断开设备电源开关。

(2)测试、装接电力线路时采用单手操作。

（3）当操作交流电时，应穿上橡胶鞋或者站在绝缘体上（如橡胶板或木质品等）。

（4）当操作交流电时，应避免自己处于危险的位置，因为万一不慎触电而使肌肉产生痉挛时，造成的摔伤往往比触电本身更严重。

（5）触及电路的任何金属部分之前都应进行安全测试。

## 2.1.2 机械损伤

电子产品组装工作中造成的机械损伤比在机械加工中少得多，但是如果放松警惕、违反安全规程仍然存在一定危险。例如：使用螺丝紧固螺钉可能打滑伤及自己的手；剪短印制电路板上元件引线时，小段引线飞射打伤眼睛等事故都曾发生。而这些事故如果严格遵守安全制度和操作规程，树立牢固的安全保护意识，是完全可以避免的。

## 2.1.3 防止烫伤

烫伤在电子装接工作中是会经常发生的一种安全事故，虽然这种烫伤一般不会造成严重后果，但也会给操作者造成伤害。不过只要注意操作安全，烫伤完全可以避免。造成烫伤的原因及防止措施如下。

### 1. 接触过热固体

（1）电烙铁和电热风枪，特别是电烙铁表面温度可达 400～500 ℃，而人体所能耐受的温度一般不超过 50 ℃，直接触及电烙铁头肯定会造成烫伤。工作中电烙铁应放置在烙铁架上并置于工作台右前方。观测电烙铁温度可采用电烙铁头溶化松香的方法，不要用手直接接触电烙铁头。

（2）电路中发热电子元器件，如变压器、功率器件、电阻、散热片等，特别是电路发生故障时有些发热器件温度可达几百摄氏度，如果在通电状态下触及这些元器件不仅可能造成烫伤，还可能有触电危险。

### 2. 过热液体烫伤

电子装接工作中接触到的主要有溶化状态的焊锡及加热溶液（如腐蚀印制电路板时加热腐蚀液）。

### 3. 电弧烫伤

电弧烫伤准确地讲应称为"电弧烧伤"，因为电弧温度可达数千摄氏度，对人体损伤极为严重。电弧烧伤常发生在操作电气设备的过程中，如较大功率电器（特别是电感性负载如电机、变压器等）不通过启动装置而直接接到隔离开关上，由于电路感应电动势的作用，隔离开关之间可产生数千伏甚至上万伏电压，足以击穿空气而产生强烈电弧。

## 2.1.4 电子实习实训教学场所安全要求

电子实习实训教学场所应该满足必需的安全要求，确保学生不受伤害或尽可能地减小伤害。具体要求简单叙述如下。

（1）使用面积与安全通道：实习实训基地应根据师生的健康、安全和设备配置要求，确定其使用面积与安全通道，并符合国家相关规定。

（2）采光：实习实训室的采光应按照《建筑采光设计标准》（GB/T 50033—2013）的有关规定执行。

（3）照明：实习实训室的照明要求应符合《建筑照明设计标准》（GB 50034—2013）的有

关规定。

(4) 通风:应符合《建筑设计防火规范》(GB 50016—2014)的有关要求,有条件应配置抽风装置或烟雾过滤器。

(5) 电气安装:应符合《低压电气装置》及《建筑物电气装置》(GB 16895.1～26)的有关规定,配置标准漏电保护器。

(6) 消防:应符合《建筑设计防火规范》(GB 50016—2014)的有关规定,配备足够电气灭火器材。

(7) 安全标志:应符合《安全色》(GB 2893—2008)和《安全标志及其使用导则》(GB 2894—2008)的有关要求。

(8) 安全与卫生:应符合《工业企业设计卫生标准》(GBZ 1—2010)的有关要求,各种仪器设备的安装使用符合国家或行业标准。

(9) 室内应有明确实习实训安全规程的公告板,并配置于醒目位置。

(10) 配备小药箱(包括外伤和烫伤药品等)。

 ## 2.2  电气事故与防护

电气事故种类繁多,一般常见事故可归纳为人身安全、实验设备安全和电气火灾三大类。

### 2.2.1  人身安全

人是生产设备的主要操作者,安全保护首先应保护人身安全。随着产品自动化程度的提高以及人们生活水平的提高,各类电气设备广泛进入企业和家庭生活中,与此同时,在生产生活中,使用电气设备所带来的不安全事故也不断发生。因此,学习安全用电基本知识,掌握常规触电防护技术,是保证用电安全的有效途径。

人体本身就是一个导体,是可以导电的。电流经过人体会对人身造成伤害,这就是所谓的触电。并且,触电事故没有任何预兆,一旦发生,立刻会产生严重的后果,而且很难自救。

**1. 触电危害**

触电是指人体触及带电体后,电流对人体造成的伤害。触电对人体造成的危害主要有两种,即电击和电伤。

1) 电击

电击是指电流通过人体内部,严重干扰人体正常生物电流,破坏人体内部组织,影响呼吸系统、心脏及神经系统的正常功能,严重时会危害生命。

2) 电伤

电伤是电流的热效应、化学效应、机械效应及电流本身作用造成的人体外表创伤。电伤会在人体皮肤表面留下明显的伤痕,常见的有灼伤、电烙伤和皮肤金属化等现象。在触电事故中,电击和电伤常常会同时发生。一般来说,电伤是非致命的,真正对人体有危险的是电击。

**2. 影响触电危险程度的因素**

1) 人体电阻

人体电阻是不确定的,皮肤干燥时一般为 100 kΩ 左右,而一旦潮湿可降到 1 kΩ。不同的人,对电流的敏感程度也不一样,一般来说,儿童较成年人敏感,女性较男性敏感。患有心脏病者,触电后的死亡可能性就更大。

2）电流大小对人体的影响

设人体与大地接触良好，土壤电阻忽略不计，由于人体电阻比中性点工作接地电阻大得多，加于人体的电压几乎等于电网相电压，这时流过人体的电流为：

$$I_b = \frac{U_\varphi}{R_b + R_0}$$

式中：$U_\varphi$——电网相电压，V；

    $R_0$——电网中性点工作接地电阻，$\Omega$；

    $R_b$——人体电阻，$\Omega$；

    $I_b$——流过人体的电流，A。

因此，通过人体的电流 $I_b$ 越大，人体的生理反应就越明显，感应就越强烈，引起心室颤动所需的时间就越短，致命的危害就越大。按照通过人体电流的大小和人体所呈现的不同状态，电流对人体的作用情况大致可分为三种，如表 2-1 所示。

表 2-1 电流对人体的作用情况

| 直电流/mA | 对人体的作用 | 类 型 |
|---|---|---|
| 1～4 | 有刺激感，电疗仪器取此电流 | 感觉电流 |
| 5～9 | 感到痛苦，但可自行摆脱 | 摆脱电流 |
| 10～50 | 引起肌肉痉挛，若时间长会有危险 | 摆脱电流 |
| 100～250 | 强烈痉挛、失去知觉、心脏停止 | 致命电流 |

（1）感觉电流：能让人感觉到的最小电流值（交流电为 1 mA，直流电为 5 mA）。

（2）摆脱电流：人体触电后能自主摆脱电源的最大电流（交流电为 10 mA，直流电为 50 mA）。

（3）致命电流：在较短的时间内危及生命的电流（100 mA）。

总之，通过人体的电流越强，触电死亡的时间越短。例如，100 mA 的电流通过人体 1 s，即足以致命，因此致命电流为 100 mA。在有防止触电保护装置的情况下，人体允许通过的电流一般可按 30 mA 考虑。

3）电流的类型

工频交流电的危害性大于直流电，因为交流电会麻痹、破坏神经系统，往往难以自主摆脱。一般认为 40～60 Hz 的交流电对人最危险。随着频率的增加，危险性将降低。当电源频率大于 2 000 Hz 时，所产生的损害明显减小，但高压高频电流对人体来说仍然是十分危险的。

4）电流的作用时间

人体触电，通过电流的时间越长，越容易造成心室颤动，生命的危险性就越大。据统计，触电 1～5 min 内急救，90% 有良好的效果，10 分钟内急救有 60% 救生率，超过 15 分钟则希望甚微。

触电保护器的一个主要指标就是额定断开时间与电流乘积小于 30 mA·s。实际产品一般额定动作电流为 30 mA，动作时间为 0.1 s，故小于 30 mA·s 可有效防止触电事故。

5）电流路径

电流通过头部可使人昏迷，通过脊髓可能导致瘫痪，通过心脏会造成心跳停止、血液循环中断，通过呼吸系统会造成窒息。因此，从左手到胸部是最危险的电流路径；从手到手、从手到脚也是很危险的电流路径；从脚到脚是危险性较小的电流路径。

6）安全电压

安全电压是指人体不戴任何防护设备时，触及带电体不受电击或电伤的电压值。安全电压的上限值(50V)=人体电阻下限值(1 000 Ω)×致命电流值(50 mA)。

国家标准制定了安全电压系列,称为安全电压等级或额定值,这些额定值指的是交流有效值,分别为 42 V、36 V、24 V、12 V、6 V 等几种。

### 3. 常见的触电方式

人体触电的主要方式有两种:直接和间接接触带电体以及跨步电压。直接接触带电体又可分为单极接触和双极接触。

**1) 单极触电**

当人站在地面上或其他接地体上,人体的某一部位触及一相带电体时,电流通过人体流入大地(或中性线)的情况,称为单极触电,如图 2-1 和图 2-2 所示。

图 2-1　中性点直接接地

图 2-2　中性点不直接接地

**注意:**一般情况下,接地电网的单极性触电中,直接接地比不直接接地电网里的危险性大。因此,在生活、工作中,要避免单极触电,操作时必须穿上胶鞋或站在干燥的木凳上。

**2) 双极触电**

双极触电是指人体两处同时触及同一电源的两相带电体,以及在高压系统中,人体距离高压带电体小于规定的安全距离,造成电弧放电时,电流从一相导体流入另一相导体的触电方式,如图 2-3 所示。两相触电加在人体上的电压为线电压,因此不论电网的中性点接地与否,其触电的危险性都很大。

图 2-3　双极性触电

**注意:**一旦出现双极触电情况,为救触电者,必须立即断开电源!

**3) 跨步电压触电**

当带电体接地时有电流向大地流散,在以接地点为圆心以 20 m 为半径的圆面积内形成分布电位。人站在接地点周围,两脚之间(以 0.8 m 计算)的电位差称为跨步电压 $U_k$,如图 2-4 所示,由此引起的触电事故称为跨步电压触电。高压故障接地处,或有大电流流过的接地装置附近都可能出现较高的跨步电压。离接地点越近,两脚距离越大,跨步电压值就越大。一般距离接地点 10 m 以外就没有危险了。

图 2-4　跨步电压触电

**4）剩余电荷触电**

剩余电荷触电是指当人触及带有剩余电荷的设备时,带有电荷的设备对人体放电造成的触电事故。设备带有剩余电荷,通常是由于检修人员在检修中摇表测量停电后的并联电容器、电力电缆、电力变压器及大容量电动机等设备时,检修前、后没有对其充分放电所造成的。

## 2.2.2　实验设备安全

在生产、生活中存在大量的电气设备,各种不同的设备都有其安全使用问题。我们在这里讨论的,仅限于实验室的用电仪器、设备的安全使用及最基本的安全常识。

### 1. 实验设备接电前检查

将用电设备接通电源,看似简单,其实不然。有的比较昂贵的仪器设备,可能处理不当,接通电源一瞬间变成废物;有的设备本身的故障引起整个供电网异常,造成难以挽回的损失,甚至危及生命财产安全。

仪器设备不一定都是接 AC(交流)220 V/50 Hz 电源。我国市电标准为 AC220 V/50 Hz,但是世界上不同国家的市电标准是不一样的,有 AC110 V,AC120 V,AC115 V,AC127 V,AC225 V,AC230 V,AC240 V 等,电源频率有 50 Hz 和 60 Hz 两种。有些小型电器设备要求电源为低压直流(DC),如 DC 5V,DC 9V,DC 18V 等。

环境电源不一定都是 220 V,特别是对于工厂企业、科研院所来说,有些地方需要 AC380 V,有些地方需要 AC36 V,有些地方可能需要 DC12 V。

总之,不管是新仪器设备还是使用过的仪器设备,都应仔细阅读产品的说明书,或者是产品上的标签,查看清楚其电源供电要求,同时检查仪器设备的线路是否有问题,即使是一台合格的产品,在运输过程中也有可能出现问题。

设备接电前的"三查"准备工作。

(1)查设备铭牌。

按照国家用电设备的相关标准,设备都应在其醒目处写有该设备要求的电压、频率、电源容量的铭牌或标志,有的设备应配有详细的说明书。

(2)查环境电源。

电压容量是否与设备吻合。

(3)查设备本身。

电源线是否完好,外壳是否可能带电。一般用万用表进行图 2-5 所示的简单检测用电设备。

图 2-5　用万用表检测用电设备

**2. 设备使用异常的处理**

用电设备在使用中可能发生以下几种异常情况。

（1）设备外壳或手持部位有麻电感觉。

（2）开机或使用中保险丝熔断。

（3）出现异常声音，如噪声加大、有内部放电声、电机转动声音异常等。

（4）异味，常见的为塑料味、绝缘漆挥发出的气味，甚至烧焦的气味。

（5）机内打火，出现烟雾。

（6）仪表指示超范围，有些指示仪表数值突变，超出正常范围。

对异常情况的处理办法如下。

（1）凡遇到上述异常情况之一，应尽快断开电源，拔下电源插头，对设备进行检修。

（2）对烧断熔断器的情况，决不允许直接换上大容量熔断器继续工作，一定要查清原因后再换上同规格熔断器。

（3）及时记录异常现象及部位，避免检修时再通电。

（4）对有麻电感觉但未造成触电的现象不可忽视。这种情况往往是绝缘受损但未完全损坏，相当于电路中串联了一个大电阻，暂时未造成严重后果，但随着时间推移，绝缘逐渐完全破坏，电阻 $R$ 急剧减小时，危险将增大，因此必须及时检修。

## 2.2.3　电气火灾

火灾是造成人们生命和财产损失的重大灾害，随着现在生产及生活中电气化设备日益增多，在火灾总数中，电气火灾所占比例也不断上升。而且随着城市化进程，电气火灾损失的严重性也在上升，研究电气火灾的原因及其预防意义重大。

据统计，目前电气火灾发生的原因集中在电气线路和电器设备两个方面。

**1. 电气线路**

（1）建筑电气线路容量不足，经过长时间使用，电线绝缘层部分可能已经老化破损，引起漏电、短路、超负荷情况，从而引起火灾。

（2）电线连接不规范，敷设线路时电线接头处理技术不符合要求，由于电线表面氧化、松动、接触不良引起局部过热，从而引燃周围可燃物。

（3）乱接临时线和使用劣质插座导致电气短路或异常高温进而产生火灾。

**2. 电器设备**

（1）电器使用后未断电，接触易燃物或附近有易燃物而引发火灾。

（2）电器受潮，产生漏电发火，从而引发火灾。

（3）电器质量低劣、发热过高且绝缘隔热、散热效果差而引起火灾。

电气线路和电器设备引发火灾的直接原因是：上述有问题的电气线路或电器设备，直接接触可燃物或附近存在可燃物。在人们的生活和生产环境中很多物品都是可燃的，当它们被加热到一定温度时就会燃烧起来，这个能燃烧起来的最低温度称为自燃温度，又称为自燃点。许多固体、液体物质的自燃点很低，只有一百多摄氏度，这个温度当电气线路和电器设备故障时很容易达到。可燃气体不仅见明火就燃烧，而且极易发生爆炸，引发严重后果。有些固体物质达到自燃温度时，会分解出可燃气体，可燃气体会与空气发生氧化作用而燃烧。

 ## 2.3 常见的触电原因及其安全保护措施

### 2.3.1 常见触电原因

根据前面介绍的触电方式和保护接地、保护接零中需要注意的问题，可归纳一下日常生产和工作中常见的触电原因。

（1）火线的绝缘皮破坏，其裸露处直接接触人体，或接触其他导体而间接接触了人体。

（2）潮湿的空气导电，不纯的水导电，湿手接触开关等。

（3）电气外壳未按要求接地，其内部火线外皮破坏接触了外壳。

（4）零线与前面接地部分断开以后，与电气连接的原零线部分通过电气线路与火线连接转化成了火线。

（5）人站在绝缘物体上，却用手扶墙或其他接地导体。

（6）人站在木桌、木椅上，而木桌、木椅却因潮湿等原因转化成为导体。

### 2.3.2 防止触电的安全意识和原则

**1. 用电器具接通之前的四项检查**

（1）检查电源线有无破损。

（2）检查插头有无内部松动，在不带电的条件下插入插座后其插头有无外露金属。

（3）检查插头的 N 极与 L 极有无短路，它们与用电器具的金属外壳有无通路。

（4）检查用电设备所需电压值是否与供电电压相符。

**2. 日常用电原则**

（1）不接触低压带电体。

（2）不靠近高压带电体。

**3. 焊装实习安全规则**

（1）不要惊吓正在操作的人员，不要在工作场所打闹。

（2）电烙铁头在没有确信脱离电源时，不能用手摸。

（3）电烙铁头上多余的焊锡不要乱甩，以免烫伤他人，特别是往身后甩，危险更大。

（4）易燃品应远离电烙铁。

（5）拆焊有弹性的元器件时，不要离焊点太近，并将可能弹出焊锡的方向向外。

(6) 插拔电烙铁等电路的电源插头时，要手拿插头，不可抓电源线向外拔。

(7) 用螺丝刀拧紧螺钉时，另一只手不要握在螺丝刀刀口方向。

(8) 用剪线钳剪掉过长引线时，要让导线朝工作台或空地飞出，以免飞出伤人。

(9) 讲究文明工作，各种工具设备摆放整齐、合理。

### 2.3.3 防止触电的技术措施

**1. 绝缘**

（1）绝缘：用绝缘物把带电体封闭起来，防止人体接触。例如，瓷、玻璃、云母、橡胶、木材、胶木、塑料、布、纸和矿物油等都是常用的绝缘材料。应当注意，很多绝缘材料受潮后会丧失绝缘性能，或者在强电场作用下会遭到破坏，从而丧失绝缘性能。

（2）屏护：采用遮拦、护罩、护盖箱闸等把带电体同外界隔绝开来。电气开关的可动部分一般不能使用绝缘，而需要屏护。高压设备不论是否有绝缘，均应采取屏护。

（3）间距：就是保证必要的安全距离。间距除用来防止触及或过分接近带电体外，还能起到防止火灾、防止混线、方便操作的作用。在低压工作中，最小检修距离应不小于 0.1 m。

**2. 接地和接零**

把电器设备的金属外壳及与外壳相连的金属构架用接地装置与大地可靠地连接起来，以保证人身安全的保护方式，称为保护接地，简称接地。把电器设备的金属外壳及与外壳相连的金属构架与中性点接地的电力系统的零线连接起来，以保护人身安全的保护方式，称为保护接零（也叫保护接中线），简称接零。

保护接地一般用在 1 000 V 以下的中性点不接地的电网与 1 000 V 以上的电网中。保护接零一般用在 1 000 V 以下的中性点接地的三相四线制电网中，目前供照明用的 380/220 V 中性点接地的三相四线制电网中广泛采用保护接零措施。在中性点不接地的系统中，假设电动机的 A 相绕组因绝缘损坏而碰金属外壳，外壳带电，如图 2-6 所示，在没有保护接地的情况下，当人体接触外壳时，电流经过人体和另外两根火线的对地绝缘电阻 $R_e$、$R_C$（如果导线很长，还要考虑导线与大地间的电容）而形成回路。如果另外两根火线对地绝缘不好，流过人体的电流会超过安全限度而发生危险。在有保护接地的情况下，当人体接触带电的外壳时，电流在 A 相碰壳处分为两路，一路经接地装置的电阻 $R_d$，一路经人体电阻 $R_r$，这两路汇合后再经另外两根火线的对地绝缘电阻 $R_e$ 和 $R_C$ 构成回路。由于 $R_e \ll R_r$，所以通过人体的电流很小，这就避免了触电危险。

图 2-6　保护接地示意图

图 2-7　中性点接地系统不允许采用保护接地

根据电气安装规程规定,在 1 000 V 以下中性点接地系统中,用电设备不允许采用保护接地,如图 2-7 所示。这是因为当某一相绝缘破损与金属外壳接触时,电流 $I_d$ 便会经过大地回到变压器的中性点,而这时流过保险丝的电流很可能小于保险丝的熔断电流,保险丝不断,金属外壳仍与电源相连。金属外壳对地的电压 $U_d$ 等于 $I_d$ 在 $R_d$ 上的电压降,而 $I_d = U_{相}/(R_0 + R_d)$,$U_d = U_{相} R_d/(R_0 + R_d)$。在一般三相四线制系统中,$U_{相}$ 是 220 V,$R_0$ 约为 4 Ω,$R_d$ 通常都超过 4 Ω,即使 $R_d$ 与 $R_0$ 一样,也按 4 Ω 计,金属外壳的对地电压也为 110 V,超过安全电压。

图 2-8 保护接零

在 1 000 V 以下中性点接地系统中,应该采取图 2-8 所示的保护接零,一旦某一根绝缘破损与金属外壳接触,就会形成单相短路,电流很大,于是保险丝熔断(或自动开关自动切断电路),电动机脱离电源,从而避免了触电危险。

许多单相家用电器的电源线接到三脚插头上,三脚插头的粗脚连着家用电器的金属外壳。这种插头要插到单相三孔插座上,插座的粗孔应该用导线与电源的中线相连。绝不允许在插座内将粗孔与接工作中线的孔相连。因为一旦家用电器的工作中线断线,如图 2-9 所示,发生外壳带电时,保险丝将不会熔断,从而会引起触电事故。

图 2-9 保护接零应接电源中线

在三相四线制中性点接地的 380/220 V 照明供电系统中,由于普遍采用保护接零,若保护接零的中线切断,可能造成触电事故,所以一般只在相线上装熔断器,不允许在中线上装熔断器。但是单相双线照明供电线路,由于接触的大多数是不熟悉电气的人,有时由于修理或延长线路而将中线和相线接错,所以中线和相线上都应接上保险丝(熔断器)。

### 3. 装设漏电保护装置

为了保证在故障情况下人身和设备的安全,应尽量装设漏电流动作保护器。它可以在设备及线路漏电时通过保护装置的检测机构转换获得异常信号,经中间机构的转换和传递,然后促使执行机构动作,自动切断电源,从而起到保护作用。

### 4. 采用安全电压

安全电压是用于小型电器设备或小容量电气线路的安全措施。根据欧姆定律,电压越大,电流也就越大。因此,可以把可能加在人身上的电压限制在某一范围内,使得在这种电压下,通过人体的电流不超过允许范围,这一电压就称为安全电压。

**5. 合理选用电器装置**

电器设备、照明设备、手持电动工具以及通常采用单相电源供电的小型电器,有时会引起火灾,其原因通常是电器设备选用不当或由于线路年久失修,绝缘老化造成短路,或者由于用电量增加、线路超负荷运行,维修不善导致接头松动,电器积尘、受潮,热源接近电器,电器接近易燃物和通风散热失效等。其防护措施主要是合理选用电器装置。例如:在干燥少尘的环境中,可采用开启式和封闭式;在潮湿和多尘的环境中应采用封闭式;在易燃易爆的危险环境中,必须采用防爆式。防止电器火灾,还应注意线路电器负荷不能过高,电器设备安装位置距易燃物、可燃物不能太近,注意电器设备运行是否异常,注意防潮等。

**6. 雷电危害的防护**

雷电危害的防护一般采用避雷针、避雷器、避雷网、避雷线等装置将雷电直接导入大地。避雷针主要用于保护露天变配电设备、建筑物和构筑物,避雷线主要用于保护电力线路,避雷网和避雷带主要用于保护建筑物,避雷器主要用于保护电力设备。

**7. 电磁危害的防护**

电磁危害的防护一般采用电磁屏蔽装置。高频电磁屏蔽装置可用铜、铝或钢制成。金属或金属网可有效消除电磁场的能量,因此可以使用屏蔽室、屏蔽服等方式来防护。屏蔽装置应有良好的接地装置,以提高屏蔽效果。

## 2.3.4　触电急救

一旦发生触电,应尽快采取现场急救,具体方法可参考如下。

**1. 切断电源**

发生触电事故时,应马上切断电源,使伤者脱离电流损害的状态,这是能否抢救成功的首要因素。

(1)出事附近有电源开关或电源插头时,应立即将闸刀断开,将插头拔掉,以切断电源。

(2)当带电的导线触及人体引起触电时,如果无法采用其他方法使人体脱离电源,可用绝缘的物体(如木棒、竹竿、手套等)将导线移开。

(3)必要时可使用绝缘工具(如带有绝缘柄的电工钳、木柄斧头及锄头等)切断电源。

**2. 简单诊断救护**

当伤者脱离电源后,应立即检查伤者全身情况,特别是呼吸和心跳,发现呼吸、心跳停止时,应立即就地抢救。

(1)轻症,即神志清醒,呼吸、心跳均能自主者,伤员就地平卧,严密观察,暂时不要站立或走动,防止继发休克或心衰。

(2)呼吸停止、心跳存在者,应就地平卧,解松衣扣,通畅气道,立即进行口对口人工呼吸。

(3)心跳停止、呼吸存在者,应立即做胸外心脏按压。

(4)呼吸、心跳均停止者,应在人工呼吸的同时施行胸外心脏按压。现场抢救最好两人分别施行口对口人工呼吸及胸外心脏按压,以1:5的比例进行,即人工呼吸1次,心脏按压5次。如此交替进行,一直坚持到医务人员到现场接替抢救。

(5)处理电击伤时,应注意有无其他损伤。例如,触电后弹离电源或自高空跌下,常并发颅脑外伤、血气胸、内脏破裂、四肢和骨盆骨折等。如有外伤、灼伤,均需同时处理。

(6)现场抢救中,不要随意移动伤员,确需移动时,抢救中断时间不应超过30 s。移动伤员或将其送医院,除应使伤员平躺在担架上并在背部垫以平硬阔木板外,应继续抢救,对于心跳、呼吸停止者要继续做人工呼吸和胸外心脏按压,在医务人员未接替前救治不能中止。

# 思 考 题

1. 发现有人触电应如何抢救?在抢救时应注意什么?
2. 什么叫短路?造成短路的主要原因有哪些?怎样防止短路火灾?
3. 什么叫跨步电压?试用图来描述。
4. 什么叫漏电?漏电为什么会引起火灾?如何防范漏电?
5. 实验中应该遵守哪些操作安全守则?如何保护自己的人身安全?

# 第❸章 电子工艺常用工具与仪器

## 3.1 常用五金工具

在组装电子整机产品时,特别是在安装、修整机箱中的机械结构和金属部件的过程中,经常要用到各种五金工具,如各种钳子、螺丝刀、扳手、锉刀和量具(钢板尺、盒尺和卡尺)等。在研制电子设备样机时,还可能需要使用以下设备或工具:手电钻、台钻、微型钻、各种规格的麻花钻头、样冲、丝锥、丝锥绞杠、圆板牙、圆板牙绞手、钳桌、台虎钳、手虎钳、手锤、手锯、平台及画线工具、钣金剪、铁圆规、砂轮、砂纸、油石、磨刀石、棕毛刷、搪瓷皿、吹风机等。有条件的,还应该配备小型仪表机床。上述工具的使用方法,应该在金工实习中学习并掌握,此处不再赘述。这里仅对在印制电路板上装配元器件时所用的工具进行简单的介绍。

### 3.1.1 钳子

#### 1. 斜口钳

斜口钳也称为偏口钳,是可以用于剪断导线或其他较小的金属或塑料等物件的工具,如图 3-1(a)所示。

(a) 斜口钳　　　　　(b) 尖嘴钳　　　　　(c) 剥线钳

**图 3-1　斜口钳、尖嘴钳、剥线钳**

并拢斜口钳的钳口,钳口处应没有间隙。在印制板装配焊接以后,使用斜口钳剪断元器件的多余引线比较方便。

#### 2. 尖嘴钳

如图 3-1(b)所示,尖嘴钳的钳口形状分为平口和圆口两种,一般用于处理小零件,如导线打圈、小直径导线的弯曲等,其适合在其他工具难于达到的部位进行操作。尖嘴钳不能用于扳弯粗导线,也不能用来夹持螺母。

#### 3. 剥线钳

如图 3-1(c)所示,剥线钳适用于剥去导线的绝缘层。使用时,将需要剥皮的导线放入合适的槽口,特别注意剥皮时不能剪断或损伤导线。剥线钳剪口的槽并拢以后应为圆形。

### 3.1.2 螺丝刀

螺丝刀是一种用来拧转螺丝钉以使其固定的工具,通常有一个薄楔形头,可插入螺丝钉头的槽缝或凹口内。北方称其为"改锥",华中和华东等地称其为"起子",中西部地区称其为"改刀",长三角地区称其为"旋凿"。螺丝刀主要有一字(负号)和十字(正号)两种。常见的还有六角螺丝刀,包括内六角和外六角两种。

无论使用哪种螺丝刀,都要注意根据螺钉尺寸来合理选择。一般只能用手拧螺丝刀,不能外加工具扳动旋转,也不应该把螺丝刀当成撬棍或凿子使用。在电气装配中常用的螺丝刀具有如下特点。

(1) 螺丝刀手柄绝缘良好,通常用塑料制成。

(2) 有些螺丝刀旋杆的端部经过磁化处理,可以利用磁性吸起小螺钉,便于装配操作。

**1. 普通螺丝刀**

如图 3-2(a)所示,普通螺丝刀就是头和柄连接在一起的螺丝刀,容易准备,但由于螺丝有很多种类,有时需要准备很多不同的螺丝刀。

(a) 普通螺丝刀         (b) 带试电笔的螺丝刀

**图 3-2　螺丝刀**

**2. 带试电笔的螺丝刀**

电工等操作人员使用这种螺丝刀非常方便,既可以用它来指示工作对象是否带电,还能用于旋转小螺钉。试电笔常见的有氖泡指示的和液晶指示的两种,如图 3-2(b)所示。它们的共同特点是在测电回路中串联一个兆欧级的电阻,从而把检测电流限制在安全范围内。

**3. 半自动螺钉旋具**

半自动螺钉旋具又称为半自动螺丝刀,外形如图 3-3(a)所示。半自动螺丝刀有顺旋、倒旋和同旋三种动作方式。当开关置于同旋挡时,相当于一把普通螺丝刀;当开关置于顺旋或倒旋位置时,用力顶压旋具,旋杆即可连续顺旋或倒旋。这种螺丝刀适用于在批量大、要求一致性强的产品生产中使用。

(a) 半自动螺钉旋具         (b) 自动螺钉旋具

**图 3-3　螺钉旋具**

**4. 自动螺钉旋具**

自动螺钉旋具有电动和气动两种类型,广泛用于流水生产线上小规格螺钉的装卸。小型自动螺钉旋具如图3-3(b)所示。这类旋具的特点是体积小、质量轻、操作灵活方便,可以大大减轻劳动强度,提高劳动效率。自动螺钉旋具设有限力装置,使用中超过规定扭矩时会自动打滑。这对在塑料部件上装卸螺钉极为有利。

**5. 螺母旋具**

螺母旋具如图3-4所示,也称为套筒螺丝刀。它用于装卸六角螺母,其使用方法与螺钉旋具的相同。

### 3.1.3 镊子

镊子适用于夹持细小的元器件和导线,在焊接某些对高温比较敏感的元器件时,用镊子夹住元器件的引线,还能起到散热的作用。若夹持较大的零件,应该换用头部带齿的大镊子或平口钳。镊子在头部变形时就不能使用了。

### 3.1.4 起拔器

集成电路起拔器用于从集成电路插座上拔下双列直插封装的集成电路芯片,其有不同的规格对应于不同封装的芯片。集成电路起拔器的外形如图3-5所示。

  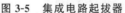

图3-4 螺母旋具　　　　　　　　图3-5 集成电路起拔器

### 3.1.5 防静电腕带

如图3-6所示,防静电腕带的材料是弹性编织物,佩戴在操作人员的手腕上,内侧材料具有导电性。与人的皮肤接触,可以把人体积累的静电通过一个 1 MΩ 的电阻,沿自由伸缩的导线释放到保护零线上。

按照防静电的安全要求,所有在电子产品插装生产线上工作的操作者必须佩戴防静电腕带。佩戴防静电腕带必须注意以下两点。

(1)防静电腕带必须与手腕紧密接触并避免松脱,不要把它套在衣袖上。

(2)防静电腕带导线另一端的夹头必须在保护零线上固定妥当。安全管理人员要经常检测人手和地面之间的电阻,其值应该为 0.5~50 MΩ。

图3-6 防静电腕带

## 3.2 焊接与拆焊工具

### 3.2.1 电烙铁

电烙铁是手工焊接的主要工具,世界上最早用于大批量生产的电烙铁是德国人制造的,如图 3-7 所示。

随着生产技术的发展,已经有很多种类的电烙铁。选择适合的电烙铁并合理地利用它,是保证焊接质量的基础。

根据用途、结构的不同,电烙铁可以分为以下几类。

(1) 按加热方式,电烙铁可分为直热式、感应式等。

(2) 按功能分类,电烙铁可分为单用式、两用式、调温式、恒温式等。

(3) 按功率大小,电烙铁可分为 20 W、30 W、75 W、100 W、300 W 等多种,电烙铁的功率(W)与其内部电阻的关系如表 3-1 所示。

图 3-7    电烙铁

表 3-1    电烙铁功率与其内部电阻的关系

| 功率/W | 电阻/kΩ |
| --- | --- |
| 20 | 2.4 |
| 30 | 1.6 |
| 75 | 大于 0.6 |
| 100 | 约 0.5 |

此外,还有特别适合于野外维修使用的低压直流电烙铁和气体燃烧式电烙铁。

**1. 直热式电烙铁**

生产中,最常用的是单一焊接使用的直热式电烙铁,它又可以分为内热式和外热式两种。

1) 外热式电烙铁

外热式电烙铁的发热元件在电烙铁头的外面,其外形和结构如图 3-8(a)所示。外热直立式电烙铁的规格按功率的不同分为 30 W、45 W、75 W、100 W、200 W、300 W 等,以 30~100 W 的最为常见;工作电压有 220 V、110 V、36 V 等几种,最常用的是 220 V 规格的。

烙铁头  固定螺钉  加热芯  隔热手柄  电源线和地线          固定圈  加热芯  隔热手柄  电源线和地线
                                                    烙铁头

(a) 外热式电烙铁                              (b) 内热式电烙铁

图 3-8    外热式、内热式电烙铁的外形与结构

2) 内热式电烙铁

内热式电烙铁的发热元件装在电烙铁头的内部,从电烙铁头的内部向外传热,所以被称为内热式,其外形与结构如图 3-8(b)所示。它具有发热快、体积小、质量轻和耗电量低等特点。内热式电烙铁的能量转换效率高,可以达到 85%~90%。相比同样发热量和温度的电

烙铁,内热式电烙铁的体积和质量都优于其他种类的电烙铁。例如,20 W 内热式电烙铁的实际发热功率与 25~40 W 外热式电烙铁的相当。内热式电烙铁的头部温度可达到 350 ℃左右;它发热速度快,一般通电两分钟就可以进行焊接。

烙铁头在使用中容易因高温而被氧化和腐蚀,使其表面变得凸凹不平,甚至被折断,因此常需要打磨镀锡或者更换。新换的烙铁头必须浸锡,如果不浸锡而直接使用,就会被"烧死"而变得不粘锡。浸锡的方法是在木板上放少许松香、焊锡,待电烙铁通电后,将发热的电烙铁头在松香焊锡上来回挪动,直到电烙铁头的前端部分均匀地镀上一层锡。因使用的场合不同,所选用的电烙铁类型、电烙铁头的类型也不同。图 3-9 所示是几种常用的电烙铁头。

图 3-9　几种常用的电烙铁头

**2. 感应式电烙铁**

感应式电烙铁又称为速热烙铁,俗称焊枪。它里面实际上是一个变压器,这个变压器的次级只有一匝。当变压器初级通电时,次级感应产生的大电流流过加热体,使与其相连的电烙铁头迅速达到焊接所需要的温度。

**3. 调温式(恒温式)电烙铁**

调温式(恒温式)电烙铁有手动调温式和自动恒温式两种。手动调温式电烙铁实际上就是将电烙铁接到一个可调电源(如调压器)上,通过调整调压器上的刻度就可以设定电烙铁的温度,如图 3-10 所示。

图 3-10　调温式电烙铁

　　自动恒温式电烙铁依靠温度传感元件监测电烙铁头的温度,并通过放大器将传输器输出的信号放大,来控制电烙铁的供电电路,从而达到恒温的目的。这种电烙铁也有将供电电压降为 24 V、12 V 低压或直流供电形式的,这对于焊接操作安全来说,无疑是大有益处的。但相应的价格会提高不少,使这种电烙铁的推广受到限制。

　　恒温式电烙铁的优点具体如下。

　　(1) 断续加热,不仅省电,而且电烙铁不会过热,延长其寿命。

　　(2) 升温时间短,只需 40～60 s。

　　(3) 电烙铁头采用渗镀铁镍的工艺,其寿命较长。

　　(4) 电烙铁头温度不受电源电压、环境温度的影响。例如,50 W、270 ℃ 的恒温式电烙铁,电源电压在 180～240 V 的范围内均能恒温,电烙铁在通电很短时间内就可达到 270 ℃。

　　SMT 电路板上的元器件微小、导线密集,手工焊接不仅需要娴熟的技术,对电烙铁也有更高的要求,如温度更稳定、结构更精巧。焊接 THT 电路板的电烙铁虽然也能使用,但至少要换上更尖细的电烙铁头。

　　SMT 元器件对温度比较敏感,维修时必须注意温度不能超过 390 ℃,所以最好使用恒温式电烙铁。假如使用普通电烙铁焊接 SMT 元器件,电烙铁功率不要超过 20 W。为防止感应电压损坏集成电路,电烙铁的金属外壳必须可靠接地。片状元器件的体积小,引脚间距小,烙铁头的尖端要略小于焊接面,应该选用针锥形(I 型)电烙铁头;有经验的焊接工人在快速拖焊集成电路的引脚时,更愿意使用刀形(K 型)电烙铁头。

### 3.2.2　吸锡器

　　维修电子产品时还常用到吸锡器,一款常见的吸锡器如图 3-11 所示,它小巧轻便、价格低廉。

### 3.2.3　热风焊台

　　热风焊台如图 3-12 所示,我国最早使用的热风焊台是从日本 HAKKO(白光)公司引进的产品,现在国内生产热风焊台的厂家和品牌很多。

图 3-11　一款常见的吸锡器　　　　　　　图 3-12　热风焊台

　　热风焊台的前面板上有一个电源开关(POWER)和两个旋钮,分别用来设定热风的温度(HEATER)和调节热风的风量(AIR CAPACITY),大多数焊台的前面板上还有显示温度的数码管,指示当前的热风温度;旁边一个红色指示灯闪烁时,表示正在加热,当它稳定地点亮时,表示保温在显示温度。

　　热风焊台通过耐热胶管把热风送到喷筒(也称为热风枪或热风筒、热风头)出口。喷筒前端可以根据焊接对象的形式和大小安装专用喷嘴。

热风焊台主要用于电子产品的维修,更多的是用于从电路板上拆焊插装式和贴片式元器件,有经验的技术工人也可以用于焊接 SMT 元器件。

### 3.2.4　电热镊子

电热镊子是一种专用拆焊 SMC 贴片原件的高档工具,它相当于两把组装在一起的电烙铁,只有两个电热芯独立安装在两侧,同时加热。接通电源以后,捏合电热镊子夹住 SMC 元件的两个焊端,加热头的热量将溶化焊点,这样可以很容易地把元件取下来,电热镊子的示意图如图 3-13 所示。组合式 L 型、S 型加热头和相应的固定基座,可用来对各种 SO 封装的集成电路、三极管、二极管进行加热。其中,头部较宽的 L 型加热片,常用于拆卸集成电路;头部较窄的 S 型加热片常用于拆卸三极管和二极管。使用时,将一片或两片 L 型、S 型加热片用螺丝钉固定在基座上,然后装配到电烙铁发热芯的前端。

### 3.2.5　吸锡铜网线

吸锡铜网线俗称吸锡线,是一种用细铜丝编织成的扁网状编带,如图 3-14 所示。将吸锡线用电烙铁压到电路板的焊盘上,由于毛细作用,熔化的焊锡会被吸锡线吸走。在维修 SMT 电路板时,常用这种方法清理焊盘。

图 3-13　电热镊子　　　　　　　　　　　图 3-14　吸锡铜网线

 ## 3.3　电子测量仪器与仪表

按照测量仪器的功能,电子测量仪器可分为专用和通用两大类。专用电子测量仪器是为特定的目的而专门设计制作的,适用于特定对象的测量。例如,通信测试仪器专用于测试通信线路及通信过程中的参数。通用电子测量仪器是为了测量某一个或某一些基本电参量而设计的,适用于多种电子参数测量。

根据《2015—2020 年中国电子测量仪器行业产销需求与投资预测分析报告》的统计,通用电子测量仪器按其功能又可细分为以下几类。

（1）信号发生器:用来提供各种测量所需的信号,根据用途不同,又分为不同波形、不同频率范围和各种功率的信号发生器,如低频信号发生器、高频信号发生器、函数信号发生器、脉冲信号发生器、任意波形信号发生器和射频合成信号发生器等。

(2) 电压测量仪器:用来测量电信号的电压、电流、电平等参量,如电流表、电压表(包括模拟电压表和数字电压表)、电平表、多用表等。

(3) 频率、时间测量仪器:用来测量电信号的频率、时间间隔和相位等参量,如各种频率计、相位计、波长表,以及各种时间、频率标准等。

(4) 信号分析仪器:用来观测、分析和记录各种电信号的变化,如各种示波器(包括模拟示波器和数字示波器)、波形分析仪、失真度分析仪、谐波分析仪、频谱分析仪和逻辑分析仪等。

(5) 电子元器件测试仪器:用来测量各种电子元器件的电参数,检测其是否符合要求。根据测试对象的不同,可分为晶体管测试仪(如晶体管特性图示仪)、集成电路(模拟、数字)测试仪和电路元件(如电阻、电感、电容)测试仪(如万用电桥和高频 Q 表)等。

(6) 电波特性测试仪器:用来测量电波传播、干扰强度等参量,如测试接收机、场强计、干扰测试仪等。

(7) 网络特性测试仪器:用来测量电气网络的频率特性、阻抗特性、功率特性等,如阻抗测试仪、频率特性测试仪(又称扫描仪)、网络分析仪和噪声系数分析仪等。

(8) 辅助仪器:与上述各种仪器配合使用的仪器,如各类放大器、衰减器、滤波器、记录器,以及各种交直流稳压电源等。

下面我们仅介绍在本书实训内容中涉及的几种常见的测试仪器与仪表的使用。

### 3.3.1 数字万用表

万用表又称为复用表、多用表、三用表、繁用表等,是电子工艺实训中不可缺少的测量仪表,一般以测量电压、电流和电阻为主要目的。万用表是一种多功能、多量程的测量仪表,一般万用表可测量直流电流、直流电压、交流电流、交流电压、电阻和音频电平等,有的还可以测量交流电流、电容量、电感量及半导体的一些参数(如 $\beta$)等。

万用表按显示方式分为指针万用表和数字万用表,数字万用表和指针万用表的基本功能是相同的,而数字万用表不存在满度值的折算和倍率乘数的问题。值得一提的是,数字万用表红表笔接内置电池的正极,黑表笔接电池负极,而指针万用表则相反,因此在测量 PN 结时结果是截然相反的,应引起注意。

下面以胜利 VC890C+数字万用表为例,简单介绍其使用方法和注意事项。

**1. 外观及操作面板说明**

图 3-15 所示的是数字万用表的面板介绍。

**2. 电阻的测量**

其表笔接法与量程挡位如图 3-16 所示。

> **注意:**如电阻超量程时会显示"1",应将开关转至较高挡位上;当测量值超过 1 MΩ 时,需要几秒钟读数才稳定,这是正常的;不能带电测量电阻;测量结果直接从显示屏读出。

**3. 二极管及电路通断测试**

其表笔接法与量程挡位如图 3-17 所示。

符号栏：标注商标、型号

液晶显示屏：显示测量结果

发光二极管：通断显示报警用

三极管测试座：测试三极管输入口

20A电流测试插座

旋钮开关：用于改变测量功能、量程及控制开关机

电容温度测试附件"–"极小于200 mA电流测试插座

电压、电流二极管"+"极插座

电容温度测试附件"+"极插座及公共地

图 3-15　数字万用表面板介绍

电阻测量量程挡位，共5个挡位，测量时选择其中一个挡位

红表笔插V/Ω孔

黑表笔插COM孔

图 3-16　电阻测量的表笔接法与量程挡位

注意：(1) 通断：待测端之间阻值低于约(70±20)Ω 时，则内置蜂鸣器发声、发光二极管发光。

(2) 二极管：反向显示为"1"，正向显示值近似正向压降。

### 4. 直流电压的测量

其表笔接法与量程挡位如图 3-18 所示。

量程开关
转至此处

红表笔插
V/Ω孔

黑表笔插COM孔

**图 3-17　二极管及电路通断测试时的表笔接法与量程挡位**

直流电压测量量程
挡位，共5个挡位，
测量时选择其中一
个挡位

红表笔插V/Ω孔

黑表笔插COM孔

**图 3-18　测量直流电压时的表笔接法与量程挡位**

**注意**:(1) 对被测电压没有概念时,先选 1 000 V 挡试测,再选合适挡位。

(2) 测试时如显示"1",表明已超量程,应换到高量程挡位。

(3) 测量的极性显示于液晶显示屏上。

### 5. 直流电流的测量

其表笔接法与量程挡位如图 3-19 所示。

**说明**:(1) 应将表笔串联到被测电路中,测量值和红表笔极性显示在液晶显示屏上。

(2) 对被测电流没有概念时,先选 200 mA 挡试测,再选合适挡位。

(3) 测试时如显示"1",表明已超量程,应换到高量程挡位。

(4) 测量 20 A 电流红表笔插入 20 A 孔,挡位开关置于 20 A 处。

直流电压测量量程挡位，共4个挡位，测量时选择其中一个挡位

红表笔插mA孔

黑表笔插COM孔

**图 3-19　测量直流电流时的表笔接法与量程挡位**

### 6. 电容的测量

其表笔接法与量程挡位如图 3-20 所示。

电容测量量程挡位，共3个挡位，测量时选择其中一个挡位

黑表笔插mA孔

红表笔插COM孔

**图 3-20　测量电容时的表笔接法与量程挡位**

说明：(1) 测试前应对电容充分放电。

(2) 测试电解电容时，红表笔接其正极。

(3) 对被测电容容量没有概念时，先选最高挡试测，再选合适的挡位。

(4) 测试时如果显示"1"，表明已超量程，应换到高量程挡位。

(5) 用大电容挡测试，显示一些不稳定数值时，表明电容严重漏电或已击穿。

### 7. 三极管 hFE 的测量

三极管电极插孔与量程开关如图 3-21 所示。

**图 3-21　测量三极管时的电极插孔与量程开关**

说明：(1) 先判断管型和基极，具体判定方法可参考本书第 4.6 节。

(2) 根据管型和基极将三极管插入相应插孔。

(3) 判断集电极和发射极并读出放大倍数。

**8. 常见故障与注意事项**

数字万用表使用后，应及时置于 OFF 挡位以节省电池。长时间不用时，应取出电池。常见的故障与解决办法如表 3-2 所示。

**表 3-2　数字万用表常见故障与解决方法**

| 故 障 现 象 | 原因及解决方法 |
|---|---|
| 没显示 | ● 电源未接通<br>● 换电池 |
| ┌＋ －┐符号出现 | ● 换电池 |
| 显示误差大 | ● 换电池 |

## 3.3.2　数字电桥

数字电桥就是能够测量电感、电容、电阻、阻抗的仪器。电桥是习惯上的称呼，最早用来测量阻抗的方法是电桥的方法，随着现代模拟和数字技术的发展，早已经淘汰了这种测量方法，但 LCR 电桥的称呼一直沿用至今。其中，使用了微处理器的 LCR 电桥则称为 LCR 数字电桥，一般又称为 LCR 测试仪、LCR 电桥、LCR 表、LCR Meter 等。

下面以 YD2811A 型 LCR 数字电桥为例，简单介绍其使用方法和注意事项。

**1. 外观及操作面板说明**

图 3-22 所示的是 YD2811A 型 LCR 数字电桥的面板。

**2. 数字电桥使用方法与注意事项**

(1) 插入电源插头，将前面板电源开关按至 ON，显示窗口中应出现变化的数字，否则应重新启动仪器。

功能显示：三只LED指示灯，用于指示当前测量参数L、C、R

主要参数显示：五位LED数码管，用于显示L、C、R参数值

主参数单位指示：三只LED指示灯，用于指示当前显示主参数的单位

负参数显示：四位LED数码管，用于显示D或Q值

功能显示：两只LED指示灯，用于指示当前测量负参数，D、Q

测量端：HD、HS、LS、LD为测量信号端

HS：电压取样高端
LS：电压取样低端
HD：电压激励高端
LD：电压激励低端

电源开关

参数键：按键进行设定主参数选择，L、C、R

频率键：按键选择设定施加于被测元件上的测量信号频率，由三只LED指示灯进行指示

锁定键：按键指示灯亮时 (ON)，选定量程锁定，在元件批量测量时，可以提高测量速度；指示灯灭时，为量程选择自动

清零键：按键指示灯亮时(ON)，表示已经对仪器进行清零操作。指示灯灭时，表示不对仪器进行清零操作

图 3-22　数字电桥的面板功能介绍

（2）预热 10 分钟以上，待机内达到热平衡后，进行正常测量。

（3）根据被测元件的大小，选用合适的测量夹具或测量电缆，被测元件应清洁，使其与测量端保持良好的接触。

（4）根据被测元件的要求选择相应的测量条件。

① 测量参数。

用参数键选择合适的测量参数（电感 L、电容 C、电阻 R），选定的参数在仪器面板上由 LED 指示灯指示。

② 测量频率。

根据被测元件的测量标准和使用要求选择合适的测量频率，按频率键使仪器指示在指定的频率上。选定的频率在仪器面板上由 LED 指示灯指示。

● YD2811：100 Hz、1 kHz、10 kHz。
● YD2811A：100 Hz、120 Hz、1kHz。

③ 清零功能。

数字电桥通过对存在于测量电缆或测量夹具上的杂散电阻进行清除以提高仪器的测量精度，这些阻抗以串联或并联的方式叠加在被测元件上，清零功能便是将这些参数测量出来，将其存储于仪器中，在元件测量时自动将其减去，从而保证仪器测量的准确性。

仪器清零包括两种清零校准：短路清零和开路清零。测电容时，先将测量夹具或测量电缆开路，按清零键使"ON"灯亮；测电阻、电感时，用短、粗的裸体导线短路，按清零键，使"ON"灯亮。

如果要重新清零，则按清零键，使"ON"灯熄灭，再次按清零键，使"ON"灯点亮，即完成再次清零。

④ 选择测量方式。

TD2811A 有两种测量方式（自动或锁定），由锁定键进行选择。TD2811A 共分五个量程，不同的量程决定了不同的测量范围，所有量程构成了仪器完整的测量范围。当量程处于自动状态时，仪器根据测量的数据自动选择最佳的量程，此时，最多可能需要五次选择才能

完成最终的量程。

当量程处于锁定状态时,仪器不进行量程选择,而在当前锁定的量程上完成测量,从而提高了测量的速度。通常对一批相同的元件测量时选择量程锁定,设定时先将被测元件插入夹具,待数据稳定后,按锁定键,锁定指示灯 ON 亮,则完成锁定设置。

### 3.3.3 函数信号发生器

函数信号发生器又称为信号源或振荡器,函数信号发生器在电路实验和设备检测中应用十分广泛。函数信号发生器能够产生多种波形,如三角波、锯齿波、矩形波(含方波)、正弦波等。函数信号发生器按其实现方法的不同有很多种型号,在这里以 EE1641B1 型函数信号发生器/计数器为例来讲述其主要功能。

EE1641B1 型函数信号发生器/计数器是一种精密的测试仪器,具有连续信号、扫频信号、函数信号、脉冲信号等多种输出信号和外部测频功能等。EE1641B1 由五位数字显示信号的频率,频率连续可调,用三位数字显示信号的幅度。另外,此仪器还可作为量程为 0.2 Hz～20 MHz 的频率测量计,输出和显示的精度为 0.1%。

**1. EE1641B1 型函数信号发生器/计数器面板**

EE1641B1 型函数信号发生器/计数器面板如图 3-23 所示。

图 3-23　EE1641B1 型函数信号发生器/计数器面板功能

**2. EE1641B1 型函数信号发生器/计数器控制键及其作用**

(1) 频率显示窗口:显示输出信号的频率或外部测频信号的频率,用五位数字显示信号的频率,且频率连续可调(输出信号时)。

(2) 幅度显示窗口:显示函数输出信号的幅度,用三位数字显示信号的幅度。

(3) 扫描速率调节旋钮(WIDTH):调节此旋钮可以改变内部扫描的时间长短。在进行外部测频时,将旋钮逆时针到底(绿灯亮),为外输入测量信号经过低通开关进入测量系统。

(4) 扫描宽度调节旋钮(RATE):调节此旋钮可调节扫频输出的扫频范围。在进行外部测频时,将旋钮逆时针旋到底(绿灯亮),为外输入测量信号经过衰减"20dB"进入测量系统。

(5)外部输入插座(INPUT):当"扫描/计数"功能选择为外扫描外计数状态时,外扫描控制信号或外部测频信号由此输入。

(6)频率范围细调旋钮:调节此旋钮可改变 1 个频程内的频率范围。

(7)输出波形,对称性调节旋钮(SYM):调节此旋钮可以改变输出信号的对称性。当旋钮处于关闭或者中心位置时,则输出对称信号。输出波形对称调节器可改变输出脉冲信号空度比,与此类似,输出波形为三角或正弦时使用该旋钮可使三角波调变为锯齿波,以及使正弦波调变为正半周与负半周分别为不同角频率的正弦波形,且可移相 180°。

(8)函数信号输出信号直流电平预置调节旋钮(OFFSET):调节范围为 $-5\text{V} \sim +5\text{V}$(50 Ω 负载),当旋钮处于中心位置时,则为 0 电平,由信号电平设定器选定输出信号所携带的直流电平。

(9)函数信号输出幅度调节旋钮(AMPL):调节范围为 20 dB。

(10)TTL 信号输出端(TTL OUT):输出标准的 TTL 幅度的脉冲信号,输出阻抗为 600 Ω。

(11)整机电源开关:按下此按钮时,机内电源接通,整机工作。此按钮弹起时为关掉整机电源。

(12)频率范围选择按钮:分别按下"↑"和"↓"按钮,可改变输出频率的 1 个频程,共有 7 个频程。

(13)"扫描/计数"按钮:可选择多种扫描方式和外部测频方式。

(14)函数输出波形选择按钮:可选择正弦波、三角波、脉冲波输出。

(15)函数信号输出幅度衰减开关(ATT):"20 dB""40 dB"按钮均不按下,输出信号不经衰减,直接输出到插座口;"20 dB""40 dB"按钮分别按下,则可选择 20 dB 或 40 dB 衰减。

(16)函数信号输出端:输出多种波形受控的函数信号,输出幅度 20 Vp-p(1 MΩ 负载),10Vp-p(50 Ω 负载)。

(17)CMOS 电平调节:调节输出的 CMOS 电平,当旋钮逆时针旋到底(绿灯亮)时,输出为标准的 TTL 电平。

### 3.3.4 模拟示波器

示波器是一种用途十分广泛的电子测量仪器。它能把肉眼看不见的电信号转换成看得见的图像,便于人们研究各种电现象的变化过程。利用示波器能观察各种不同信号幅度随时间变化的波形曲线,还可以用它测试各种不同的电量,如电压、电流、频率、相位差、调幅度等。

模拟示波器的工作方式是直接测量信号电压,并且通过从左到右穿过示波器屏幕的电子束在垂直方向描绘电压。

下面以 YB4340C 模拟示波器为例,简单介绍其基本使用方法。

**1. 外观及基本操作面板**

YB4340C 的外观及基本操作面板如图 3-24 所示。

图 3-24 中主要按钮以及旋钮的功能介绍如下。

(1)电源开关:按下此开关,仪器电源接通,指示灯亮。

(2)聚焦调节旋钮:用于调节示波管电子束的焦点,使显示的光点成为细而清晰的圆点。

(3)校准信号:此端口可输出幅度为 0.5 V、频率为 1 kHz 的方波信号。

(4)垂直位移调节旋钮:用于调节光迹在垂直方向的位置。

(5)垂直方式选择按钮:选择垂直系统的工作方式,具体如下。

● CH1:只显示 CH1 通道的信号。

● CH2:只显示 CH2 通道的信号。

**图 3-24　YB4340C 模拟示波器面板**

● CH2 反相：按下此按钮，CH2 的信号被反相。

● 交替：用于同时观察两路信号，此时两路信号交替显示，该方式适合于在扫描速率较快时使用。

● 断续：两路信号断续工作，适合于在扫描速率较慢时，同时观察两路信号。

● 叠加：用于显示两路信号相加的结果，当 CH2 极性开关被按下时，两信号相减。

（6）灵敏度调节旋钮（VOLTS/DIV）：选择垂直轴的偏转系数，2mV/div～10V/div 分 12 个挡级调整，可根据被测信号的电压幅度选择合适的挡级。

（7）耦合方式（AC/GND/DC）选择挡：垂直通道的输入耦合方式选择，具体如下。

● AC：信号中的直流分量被隔开，用于观察信号的交流成分。

● DC：信号与仪器通道直接耦合，当需要观察信号的直流分量或被测信号的频率较低时应选用此方式。

● GND：输入端处于接地状态，用于确定输入端为零电位时光迹所在位置。

（8）水平位移调节旋钮：用于调节光迹在水平方向的位置。

（9）电平调节旋钮：用于调节被测信号在变化至某一电平时触发扫描。

（10）极性选择按钮：用于选择被测信号在上升沿或下降沿时触发扫描。

（11）×5 扩展选择按钮：按下后扫描速度扩展 5 倍。

（12）扫描速率调节旋钮（TIME/DIV）：根据被测信号的频率高低，选择合适的挡级。当扫描微调至校准位置时，可根据分度盘的位置和波形在水平轴的距离读出被测信号的时间参数。

（13）微调调节旋钮：用于连续调节扫描速率，调节范围不小于 2.5 倍，逆时针旋转为校准位置。

（14）触发源选择挡：用于选择不同的触发源，具体如下。

● CH1：在双踪显示时，触发信号来自 CH1 通道；单踪显示时，触发信号则来自被显示的通道。

● CH2：在双踪显示时，触发信号来自 CH2 通道；单踪显示时，触发信号则来自被显示的通道。

● 内：使用被测信号作为触发信号，如通道 CH1、通道 CH2。

● 外：触发信号来自于外接输入端口。

（15）触发方式选择挡：选择产生扫描的方式，具体如下。

● 自动：当无触发信号输入时，屏幕上显示扫描光迹；一旦有触发信号输入，电路自动转换为触发扫描状态。调节电平可使波形稳定地显示在屏幕上,此方式适合观察频率在50Hz以上的信号。

● 常态:无信号输入时,屏幕上无光迹显示;有信号输入且触发电平旋钮在合适位置上时,电路被触发扫描,当被测信号频率低于50Hz时,必须选择该方式。

● TV-V/TV-H:测电视机的场信号或行信号。

**2. 模拟示波器的校准**

模拟示波器在使用之前必须先对其进行校准。而所谓对模拟示波器的校准,是将模拟示波器的原来波形在测试之前正确调试出来。也就是说,校准出来的波形要与模拟示波器本身所设定的参数一致(这些参数通常会在校正的测试点标示出来)。模拟示波器校准的连接方法与波形如图3-25所示。

图 3-25　模拟示波器校准的接法与波形

校准的具体步骤如下。

(1) 将校准信号接入 CH2 通道。

(2) 扫描方式选择自动,通道选择 CH2,耦合方式选择 GND,把地线通过垂直位移旋钮调整到屏幕中央,可上下调节 POSITION、DC BALT 和 INTER 来实现。

(3) 耦合方式选择 DC,调整电压灵敏度开关以及扫描速率选择开关到合适位置,使屏幕显示 2～3 个周期的波形,读出幅度和周期,并计算出频率。具体读数如下。

$$V_{p-p}=0.2 \text{ V/DIV}\times 2.5 \text{ DIV}=0.5 \text{ V}$$
$$T=0.2 \text{ ms/DIV}\times 5 \text{ DIV}=1 \text{ ms}$$
$$f=1/T=1 \text{ kHz}$$

(4) 将上述结果与示波器上标注的"校准信号.5V$_{p-p}$ 1kHz"的值进行对比,如果一致即完成校准。

**3. 测量正弦波**

图 3-26 所示为 $f=2 \text{ kHz}$,$V_{p-p}=5 \text{ V}$ 的正弦波的测量,实验步骤与校准步骤与上述基本相同,但示波器的耦合方式应选择 AC。

具体读数如下。

$$V_{p-p}=1 \text{ V/DIV}\times 5 \text{ DIV}=5 \text{ V}$$
$$T=0.1 \text{ ms/DIV}\times 5 \text{ DIV}=0.5 \text{ ms}$$
$$f=1/T=2 \text{ kHz}$$

图 3-26　正弦波的测量

### 3.3.5　数字示波器

　　数字示波器(digital oscilloscope)，是采用数据采集、A/D 转换、软件编程等一系列的技术制造出来的高性能示波器。数字示波器一般支持多级菜单，能提供给用户多种选择，以及多种分析功能。还有一些示波器可以提供存储功能，实现对波形的保存和处理。

　　数字示波器因具有波形触发、存储、显示、测量、波形数据分析处理等独特优点，其使用日益普及。由于数字示波器与模拟示波器之间存在较大的性能差异，如果使用不当，会产生较大的测量误差，从而影响测试任务的完成。

#### 1. 数字示波器面板介绍

　　数字示波器面板分为若干功能区，下面简单介绍一下示波器面板上的各种控制按钮和旋钮，以及屏幕上显示的有关信息的测试操作。图 3-27 所示为 DST 系列 1202B 型数字示波器面板。

图 3-27　DST 系列 1202B 型数字示波器面板

DST 系列 1202B 型数字示波器面板上的主要按键及旋钮的功能如下。

（1）水平位置旋钮：旋转该旋钮可以控制触发相对于屏幕中心的位置。按下该旋钮可以使触发点复位，即回到屏幕中心。

（2）HORIZ MENU（水平菜单）按钮，菜单内容如表 3-3 所示。

表 3-3　HORIZ MENU 水平菜单内容说明

| 选 项 | 设 定 | 说 明 |
|---|---|---|
| 窗口控制 | 主窗口<br>子窗口 | 双窗口显示时，用于选中主窗口或从窗口，选中时窗口高亮显示。单窗口模式时选择此选项，进入双窗口模式 |
| Mark | 向右<br>向左<br>设置/清除<br>清除/全部 | Mark 功能只在双窗口模式下使用，提供用户在感兴趣的波形记录位置设置标签，并且通过"向左""向右"来搜寻这些标签，将窗口定位到该标签所在的位置进一步观测 |
| 释抑时间 | 无 | 选中该菜单后可以通过多功能旋钮来调节触发释抑时间，调节范围为 100 ns～10 s，在选中该菜单的情况下，按下多功能旋钮释抑时间变为初始值 100 ns |
| 自动播放 | 无 | 该功能在双窗口模式下有效，按下该菜单按钮，从左到右以一定的速度自动滑动，扩展窗口中将显示对应位置的波形，直到主扫描窗口的最右端停止（仅 1000B 系列支持该功能） |

（3）秒格时基旋钮：用于改变水平时间刻度，水平放大或压缩波形。如果停止波形采集（使用运行/停止或单次序列按钮来实现），"秒/格"控制就会扩展或压缩波形。在双窗口模式下，按下该旋钮，可选择主、子窗口。选中主窗口时，旋钮功能与单窗口模式下功能相同；选中子窗口时，旋转该旋钮用于缩放子窗口波形放大倍数，波形放大倍数最大为 1 000 倍。

（4）垂直位置旋钮：旋转该按钮可在屏幕中上下移动通道波形，在双窗口模式中同时控制两个窗口波形的移动，两个窗口的波形移动方向相同，且按照一定的比例关系。按下该旋钮，波形回到屏幕垂直位置的中间。两个通道分别对应两个旋钮。

（5）CH1 MENU 和 CH2 MENU 按钮：该按钮用于显示垂直菜单选项并打开或关闭对通道波形显示，具体如表 3-4 所示。

表 3-4　CH1 MENU 和 CH2 MENU 菜单说明

| 选 项 | 设 定 | 说 明 |
|---|---|---|
| 耦合方式 | 直流 | 通过输入信号的直流分量 |
| | 交流 | 阻挡输入信号的直流分量，并衰减低于 10 Hz 的信号 |
| | 接地 | 断开输入信号 |
| 20 MHz<br>带宽限制 | 开启<br>关闭 | 打开带宽限制，可以减少显示噪声；该功能用于过滤信号，减少噪声和其他多余高频分量 |
| 伏/格 | 粗调<br>细调 | 用于选择"伏/格"旋钮的分辨率。<br>粗调：按 1-2-5 进制限定垂直灵敏度范围。细调：在精调设置范围之间进一步细分，改善分辨率 |
| 探头衰减 | 1×、10×、<br>100×、1000× | 根据探极衰减系数选取其中一个值，以保持垂直标尺读数；使用 1× 探头时带宽小至 6 MHz |
| 波形反相 | 正常<br>反相 | 反相为与参考电平相反（倒置）的波形 |

(6) 伏/格旋钮：控制示波器放大或衰减通道波形的信源信号，屏幕上显示波形的垂直尺寸随之放大或减小（按下这个按钮，也可以进行粗调和细调的切换）。

(7) MATH MENU（数学菜单）按钮：用于显示波形的数学运算。

(8) 电平旋钮：使用边沿触发或脉冲触发时，电平旋钮用于设置采集波形时信号所必须越过的幅值电平。

(9) SET TO 50％按钮：触发电平设置为触发信号峰峰值的垂直中点。

(10) FORCE TRIG（强制触发）按钮：不管触发信号是否适当，都完成采集。如果采集已停止，则该按钮不产生影响。

(11) TRIG MENU（触发菜单）按钮：按下此按钮可显示触发功能菜单。常用的是边沿触发，菜单具体选项如表 3-5 所示。

表 3-5　TRIG MENU（触发菜单）说明

| 选　项 | 设　定 | 说　　　明 |
|---|---|---|
| 触发类型：<br>边沿、视频、<br>脉冲、斜率、<br>超时、交替 | | 示波器在默认情况下使用边沿触发，使用边沿触发可以在达到触发阈值时，在示波器输入信号的边沿进行触发 |
| 触发信源 | CH1<br>CH2<br>EXT<br>EXT/5<br><br>市电 | 用于选择输入信源作为触发信号。<br>当选择 CH1 或 CH2 时，不论波形是否显示，都不会触发某一通道；选择 EXT 时不显示触发信号，允许触发电平范围是＋1.6 V 到－1.6 V；选择 EXT/5 与 EXT 选项一样，但以系数 5 衰减信号，允许的触发电平范围是＋8 V 到－8 V。<br>当选择市电选项时则将来自电源线导出的信号作为触发信源 |
| 触发方式 | 自动<br><br>正常 | 用于选择触发的方式。<br>在默认情况下，示波器选择自动模式，当示波器在一定时间内（根据"秒/格"设定）未检测到触发条件时，就强制其触发。在 80 ms/格或更慢的时基设置下将进入扫描模式。<br>选择正常模式，仅当示波器检测到有效的触发条件时才更新显示波形。在用新波形替换原有波形之前，示波器将显示原有波形。当仅想查看有效触发的波形时，才使用此模式。使用此模式，示波器只有在第一次触发后才显示波形 |
| 耦合 | 交流<br>直流<br>高频抑制<br>低频抑制 | 用于选择输入触发电路的触发信号成分。<br>① 交流选项用于阻碍直流分量，并衰减 10 Hz 以下的信号。<br>② 直流选项用于选择通过信号的所有分量。<br>③ 高频抑制选项用于衰减 80 kHz 以上的高频分量。<br>④ 低频抑制选项用于阻碍直流分量，并衰减 8 kHz 以下的低频分量 |

(12) 保持/调出按钮：用于显示和设置波形的保存/调出菜单。

(13) 测量按钮：用于显示自动测量菜单。

(14) 采集按钮：用于显示采集参数。

(15) 辅助功能按钮：用于显示辅助功能菜单。

（16）光标按钮：用于显示光标菜单。

（17）显示按钮：用于显示显示菜单。

（18）AUTO SET（自动设置）按钮：用于自动设置示波器控制状态，以产生适用于输出信号的显示图形。

（19）SINGLE SEQ（单次序列）按钮：用于采集单个波形图，然后停止。

（20）RUN/STOP（运行/停止）按钮：用于在停止状态下进行连续采集波形和停止采集波形的切换。

（21）HELP（帮助）按钮：用于显示帮助设置菜单。

（22）DEFAULT SETUP（默认设置）按钮：用于调出多数厂家的选项和控制设置。

（23）存入 U 盘按钮：可以将屏幕上的显示全部保存到 USB 存储设备中，相当于计算机的截屏功能。

（24）V0 多功能旋钮：在不同的菜单项下（具体查看每个菜单的操作），支持菜单项选择（MEASURE）、光标移动、电平移动（斜率触发）；调整该旋钮可支持数据复位（触发释抑、超时时间、斜率时间）、选中菜单确定等多种功能，操作极为方便。

（25）F7 按钮：对于 DST3000B 系列和 DST4000B 系列机型，该按钮用于在虚线框和十字架显示框两个模式间切换。DST1000B 系列机型，该键用于单、双窗口模式快速切换。

（26）F0 按钮：菜单消隐/开启键，按下该按钮，屏幕右侧的菜单项消失，示波器全屏显示；再次按下后菜单出现。DST3022B 系列不支持该功能。

（27）F1～F5 按钮：这 5 个按钮为多功能按钮，在每个菜单模式下，负责选择屏幕中对应的菜单项，如在 UTILITY 菜单下，F1～F5 分别对应"系统信息"～"高级功能"菜单项。

（28）F6 按钮：该功能键主要起到翻页和确定作用，如"下一页""上一页"；按下自校正时，出现的自校正对话框中会有"按 F6 按键确认……"等字样。

**2. 信息连接端口**

（1）CH1、CH2：通道波形显示所需的输入连接器。待测信号由此连接输入。

（2）EXT TRIG（外部触发）：外部触发源所需的输入连接器。外部的触发信号由此连接输入。

（3）探极补偿：电压探极补偿器的输出与接地，用于调整探极与输入电路的匹配。探极补偿器接地和 BNC 屏蔽连接到地面。请勿将电压源连接到这些接地终端。

**3. 数字示波器显示区介绍**

数字示波器显示区如图 3-28 所示。

图 3-28 中数字所代表的区域功能介绍如下。

1——示波器设置状态信息。

2——不同采用模式：采样、峰值、平均。

3——触发状态表示信息。

4——示波器工具图标。

5——主时基读数显示。

6——主时基视图。

7——显示扩展窗口在数据内存中的位置和数据长度。

8——扩展窗口（当前波形窗口）时基。

9——操作菜单：对应不同的功能键，菜单显示信息不相同。

图 3-28　数字示波器显示区

10——频率计数显示。

11——当前波形的垂直位置。

12——当前波形的触发类型。

13——弹出式信息提示。

14——触发电平数值。

15——用于表示波形是否反相的图标。

16——20 兆带宽限制,变亮说明开启,灰色表示关闭。

17——通道耦合标记。

18——通道标记。

19——当前波形显示窗口。

**4. 数字示波器测量未知信号**

如果需要观测某个电路中的一个未知信号,但是又不了解这个信号的具体幅度和频率等参数,可以使用这个功能快速测量出该信号的频率、周期和峰值。具体步骤如下。

(1) 将示波器探头的开关设定为 10×。

(2) 按下 CH1 MENU(CH1 菜单)按钮,调节探头菜单为 10×。

(3) 将 CH1(通道 1)的探头连接到电路的测试点上。

(4) 按下 AUTO SET 按钮。

示波器将自动设置波形到最佳显示效果,在这个基础上,如果要进一步优化波形显示,可以手动调整垂直、水平挡位,直到波形显示符合要求,如图 3-29 所示,然后可直接读出峰值、频率等值。

### 3.3.6　直流稳压电源

直流稳压电源是能为负载提供稳定直流电源的电子装置。直流稳压电源的供电电源大都是交流电源,当交流供电电源的电压或负载电阻变化时,稳压器的直流输出电压都会保持稳定。随着电子设备向高精度、高稳定性和高可靠性的方向发展,其对为其供电的直流稳压

图 3-29　被测信号结果

电源提出了更高的要求。

　　直流稳压电源一般可以分成两类,包括线性电源和开关电源。线性电源的优点是稳定性高、纹波小、可靠性高,易做成多路,输出连续可调的成品;缺点是体积大、较笨重、效率相对较低。开关电源的优点是体积小、重量轻、稳定可靠,缺点相对于线性电源来说纹波较大。开关电源又可分为 AC/DC、DC/DC、通信电源、电台电源、模块电源、特种电源等类别。

　　直流稳压电源的技术指标可以分为两大类:一类是特性指标,反映直流稳压电源的固有特性,如输入电压、输出电压、输出电流、输出电压调节范围;另一类是质量指标,反映直流稳压电源的优劣,包括稳定度、等效内阻(输出电阻)、纹波电压及温度系数等。

　　下面以"兆信 RXN-302D"线性可调直流稳压电源为例介绍可调稳压电源的使用方法。

**1. 外观及操作面板说明**

　　图 3-30 所示的是兆信 RXN-302D 线性可调直流稳压电源的面板。

图 3-30　兆信 RXN-302D 稳压电源面板功能

**2. 稳压电源的使用方法与注意事项**

　　兆信 RXN-302D 电源的输出电压为 0～50 V,输出电流为 0～5 A,且连续可调,由 LED 屏显示电压值和电流值。电压与电流调节各有两个旋钮,一个是粗调旋钮,一个是微调

49

旋钮。

在给用电设备供电之前,首先要确认用电设备的电压和电流的大小,检查输出连接线的正负极是否连接正确,在不接入设备的情况下,打开可调稳压电源的开关,将电压调整到设备所需要的电压,然后关掉开关,将电源的输出线接入用电设备,再打开电源开关即可。

**注意:**如果接入用电设备后发现电压值达不到设定值,这时要观察电流旋钮侧的电流指示灯是否亮,如果亮了,说明电流设定值太小,旋转电流调整旋钮,使电流指示灯熄灭。如果电流旋钮旋到底,电流指示灯仍然不熄灭,那就说明用电设备的功率过大,或者是用电设备严重短路。这是可调稳压电源的过流保护功能。

# 思 考 题

1. 电烙铁的分类有哪些?
2. 防静电腕带的作用是什么,为何要强调在电子产品制造工艺中重视防静电?
3. 恒温式电烙铁的优点有哪些,主要用在何种场合?
4. 试举例说明常用焊接工具的用途。
5. 简述示波器的测试步骤。
6. 发光二极管好坏的测量方法有几种?

# 第 ④ 章 电子元器件的识别、测试与选择

任何一个电子装置、设备或系统,无论简单或复杂,都是由少则几个到几十个,多则成千上万个作用各不相同的电子元器件组成的。可以这样说,没有高质量的电子元器件,就没有高性能的电子设备。从事电子设计制造的技术人员都知道,欲使电路具有优良的性能,达到预定的高指标,必须确实掌握、精心选择、正确使用电子元器件。实践证明,一种崭新的电子元器件的出现,都将带来电路设计的一次革命,使电子设备的性能产生一次质的飞跃。

##  4.1 电子元器件的分类及特点

电子元器件是电子产业发展的基础,是组成电子设备的基础单元,位于电子产业的前端,电子制造技术的每次升级换代都是由于电子元器件的变革引起的。同时,电子元器件也是学习掌握电子工艺技术的基础,只有认真学习并详细掌握了电子元器件的相关特性,才能更有效地掌握电子工艺技术的相关技能。

### 4.1.1 电子元器件定义

什么是电子元器件?不同领域的电子元器件概念是不一样的。

**1. 狭义电子元器件**

在电子学中电子元器件的概念是以电原理来界定的,是指能够对电信号(电流或电压)进行控制的基本单元。因此,只有电真空器件(以电子管为代表)、半导体器件和由基本半导体器件构成的各种集成电路才称为电子元器件。电子学意义上的电子元器件范围比较小,可称为狭义的电子元器件。

**2. 普通电子元器件**

在电子技术特别是应用电子技术领域,电子元器件是指具有独立电路功能、构成电路的基本单元。因此,其范围扩大了许多,除了狭义电子元器件外,还包括了通用的电抗元件(通常称为三大基本元件的电阻、电容、电感器)和机电元件(如连接器、开关、继电器等),同时又包括了各种专用元器件(包括电声器件、光电器件、敏感元件、显示器件、压电器件、磁性元件、保险元件以及电池等)。一般电子技术类书刊提到的电子元器件指的就是这种,因此可称为普通电子元器件。

**3. 广义电子元器件**

在电子制造工程中,特别是产品制造领域,电子元器件的范围又扩大了。凡是构成电子产品的各种组成部分,除了普通的电子元器件,还包括各种结构件、功能件、电子专用材料以及电子组件、模块部件(如稳压/稳流电源,AC/DC、DC/DC电源转换器,可编程控制器,LED/液晶屏组件以及逆变器、变频器等)以及印制电路板(一般指未装配元器件的裸板)、微型电机(如伺服电机、步进电机等)等,都纳入元器件的范围,这种广义电子元器件的概念,一般只在电子产品生产企业供应链的范围中应用。

三种元器件概念之间的关系如图 4-1 所示。

图 4-1　三种元器件概念之间的关系

### 4.1.2　电子元器件分类

电子元器件有多种分类方式,应用于不同的领域和范围。

**1. 按制造行业分类**

按制造行业分类,电子元器件可分为元件与器件两类。这种分类方式是按照元器件制造过程中是否改变材料分子组成与结构来划分的,是行业划分的概念。在元器件制造行业,器件由半导体企业制造,而元件则由电子零部件企业制造。

元件是指加工中没有改变分子成分和结构的产品,例如,电阻、电容、电感器、电位器、变压器、连接器、开关、石英、陶瓷元件、继电器等。

器件是指加工中改变分子成分和结构的产品,主要包括各种半导体产品,如二极管、三极管、场效应管、各种光电器件、各种集成电路等,也包括电真空器件和液晶显示器件等。

随着电子技术的发展,元器件的品种越来越多,功能越来越强,涉及的范围也在不断扩大,元件与器件的概念也在不断变化,逐渐模糊。例如,有时说元件或器件时实际指的是元器件,而像半导体敏感元件按定义实际上应该称为器件。

**2. 按电路功能分类**

按电路功能分类,电子元器件可分为分立器件和集成器件两类。分立器件是指具有一定电压、电流关系的独立器件,包括基本的电抗元件、机电元件、半导体分立器件(如二极管、双极三极管、场效应管、晶闸管等)等。集成器件通常称为集成电路,是指一个完整的功能电路或系统采用集成制造技术制作在一个封装内、具有特定电路功能和技术参数指标的器件。

分立器件与集成器件的本质区别是:分立器件只具有简单的电压、电流转换或控制功能,不具备电路的系统功能;而集成器件则可以组成完全独立的电路或系统功能。实际上,具有系统功能的集成电路已经不是简单的"器件"和"电路"了,而是一个完整的产品。例如,数字电视系统已经将全部电路集成在一个芯片内,习惯上仍然称其为集成电路。

**3. 按工作机制分类**

按工作机制分类,电子元器件可分为无源元件与有源元件两类。无源元件与有源元件,也称为无源器件与有源器件,是根据元器件工作机制来划分的,一般用于电路原理讨论。

无源元件是指工作时只消耗元器件输入信号电能的元器件,本身不需要电源就可以进行信号处理和传输。无源元件包括电阻、电位器、电容、电感、二极管等。

有源元件正常工作的基本条件是必须向元件提供相应的电源,如果没有电源,元件将无法工作。有源元件包括三极管、场效应管、集成电路等,是以半导体为基本材料构成的元器件,也包括电真空器件。

**4. 按组装方式分类**

按组装方式分类,电子元器件可以分为插装和分装两类。在表面组装技术出现前,所有元器件都以插装方式组装在电路板上。在表面组装技术应用越来越广泛的现代,大部分元器件都有插装与贴装两种封装,一部分新型元器件已经淘汰了插装式封装。

插装是指组装到印制电路板上时需要在印制电路板上打通孔,引脚在电路板另一面实现焊接连接的元器件,通常有较长的引脚和体积。

贴装是指组装到印制电路板上时无须在印制电路板打通孔,引线直接贴装在印制电路板铜箔上的元器件,通常是短引脚或无引脚片式结构。

**5. 按使用环境分类**

电子元器件种类繁多,随着电子技术和工艺水平的不断提高,大量新的元器件不断出现,对于不同的使用环境,同一元器件也有不同的可靠性标准,相应地,不同的可靠性有不同的价格。例如,同一元器件军用品的价格可能是民用品的十倍甚至更多,工业品介于二者之间。

- 民用品:适用于对可靠性要求一般,性价比要求高的家用、娱乐、办公等领域。
- 工业品:适用于对可靠性要求较高,性价比要求一般的工业控制、交通、仪器仪表等领域。
- 军用品:适用于对可靠性要求很高,对价格不敏感的军工、航天航空、医疗等领域。

**6. 电子工艺关于元器件的分类**

电子工艺对元器件的分类,既不按纯学术概念去划分,也不按行业分工划分,而是按元器件应用特点来划分。

不同领域不同分类是不足为怪的,迄今也没有一种分类方式可以完美无缺。实际上在元器件供应商那里,也没有单纯地采用某一种标准来分类。

## 4.1.3 电子元器件的发展趋势

现代电子元器件正在向微小型化、集成化、柔性化和系统化方向发展。

**1. 微小型化**

元器件的微小型化一直是电子元器件发展的趋势,从电子管、晶体管到集成电路,都是沿着这样一个方向发展。各种移动产品、便携式产品以及航空航天、军工、医疗等领域对产品微小型化、多功能化的要求,促使元器件越来越微小型化。

但是,单纯的元器件的微小型化不是无限的。片式元件封装的出现使这类元件微小型化几乎达到极限,集成电路封装的引线间距在达到 0.3 mm 后也很难再减小。为了产品微小型化,人们在不断探索新型高效元器件、三维组装方式和微组装等新技术、新工艺,将产品微小型化不断推向新的高度。

**2. 集成化**

元器件的集成化可以说是微小型化的主要手段,但集成化的优点不限于微小型化。集成化的最大优势在于实现成熟电路的规模化制造,从而实现电子产品的普及和发展,不断满足信息化社会的各种需求。集成电路从小规模、中规模、大规模到超大规模的发展只是一个方面,无源元件集成化、无源元件与有源元件混合集成、不同半导体工艺器件的集成化、光学与电子集成化以及机光电元件集成化等,都是元器件集成化的形式。

**3. 柔性化**

元器件的柔性化是近年来出现的新趋势,也即元器件这种硬件产品软件化的新概念。可编程器件(PLD),特别是复杂的可编程器件(CPLD)和现场可编程阵列(FPGA),以及可编程模拟电路(PAC)的发展,使得器件本身只是一个硬件载体,载入不同程序就可以实现不同电路功能。可见,现代的元器件已经不是纯硬件了,软件器件以及相应的软件电子学的发展,极大地拓展了元器件的应用柔性化,适应了现代电子产品个性化、小批量多品种的柔性化趋势。

**4. 系统化**

元器件的系统化,是随着系统级芯片(SOC)、系统级封装(SIP)和系统级可编程芯片(SOPC)的发展而发展起来的,通过集成电路和可编程技术,在一个芯片或封装内实现一个电子系统的功能。例如,数字电视 SOC 可以实现从信号接收、处理到转换为音视频信号的全部功能,一片集成电路就可以实现一个产品的功能,元器件、电路和系统之间的界限已经模糊了。

集成化、系统化使电子产品的原理设计简单了,但有关工艺方面的设计,如结构稳定性、可靠性、可制造性等设计内容更为重要。同时,传统的元器件不会消失,在很多领域还是大有可为的。从学习角度看,基本的半导体分立器件、基础三大元件仍然是电子工艺技术入门的基础。

 **4.2 电阻器**

**1. 电阻器的相关概念**

电子在物体内作定向运动时会遇到阻力,这种阻力称为电阻。在物理学中,用电阻(resistance)来表示导体对电流阻碍作用的大小。

对于两端元器件,伏安特性满足 $U=RI$ 关系的理想电子元器件称为电阻器。电阻器(resistor)简称电阻,其阻值大小就是比例系数 $R$,当电流的单位为安培(A)、电压的单位为伏特(V)时,电阻的单位为欧姆($\Omega$)。电阻器是在电子电路中应用最为广泛的元器件之一,在电路中起分压、限流、耦合、负载等作用。

**2. 电阻器的分类**

(1)电阻器按照阻值特性可分为固定电阻器、可变电阻器和特种电阻器三种。

(2)电阻器按照制造的材料的不同可分为绕线电阻器、碳膜电阻器、金属膜电阻器等,如表 4-1 所示。

表 4-1　几种常用电阻器的性能及用途比较

| 名　称 | 性能特点 | 用　途 | 阻值范围 |
|---|---|---|---|
| 绕线电阻器 | 热稳定性好、噪声小、阻值精度极高,但体积大、阻值低、高频特性差 | 通常在大功率电路中做负载,不可用于高频电路 | 0.1 Ω~5 MΩ |
| 碳膜电阻器 | 有良好的稳定性,阻值范围宽,高频特性好,噪声较小,价格低廉 | 广泛应用于常规电子电路 | 1 Ω~10 MΩ |
| 合成碳膜电阻器 | 阻值范围大、噪声大,但频率特性不好 | 主要用作高阻、高压电阻器 | 10 Ω~106 MΩ |
| 金属膜电阻器 | 耐热性能好,工作频率范围大,稳定性好,噪声较小 | 应用于质量要求较高的电子电路中 | 1 Ω~200 MΩ |
| 金属氧化膜电阻器 | 抗氧化性能强,耐热性好;因膜层厚度限制,阻值范围小 | 应用于精度要求高的电子电路中 | 1 Ω~200 kΩ |

（3）电阻器按照功能可分为负载电阻、采样电阻、分流电阻和保护电阻等。

### 3．电阻的参数与识别

固定电阻器文字符号为 $R$；图形符号为 —▭—；单位为 $\Omega$（1 k$\Omega$＝1000 $\Omega$）。

不同种类电阻的表示法：RT 表示碳膜电阻，RJ 表示金属膜电阻，RX 表示绕线电阻。

阻值识别的方法主要有直标法、文字符号表示法、色标法和数码表示法等。

（1）直标法：是把重要参数值直接标在电阻体表面的方法，如图 4-2 所示。

图 4-2 直标法

（2）文字符号表示法：是用文字和符号共同表示其阻值大小的方法，如图 4-3 所示。

图 4-3 文字符号表示法

（3）色标法：是用颜色代表数字来表示电阻阻值的方法，表示方法如下。颜色与数字的对应关系如下。

| 棕 | 红 | 橙 | 黄 | 绿 | 蓝 | 紫 | 灰 | 白 | 黑 |
|---|---|---|---|---|---|---|---|---|---|
| 1 | 2 | 3 | 4 | 5 | 6 | 7 | 8 | 9 | 0 |

色标法用色环表示数值，用金、银、棕表示参数允许误差，如金表示 $\pm5\%$，银表示 $\pm10\%$，棕表示 $\pm1\%$。

四环电阻：前 2 环代表有效值，第 3 环为 10 的倍乘数，第 4 环为允许误差。

例如，250 $\Omega\pm10\%$ 的表示如图 4-4 所示。

五环电阻：前 3 环代表有效值，第 4 环为 10 的倍乘数，第 5 环为允许误差。

例如，21 400 $\Omega\pm1\%$（精密电阻）的表示如图 4-5 所示。

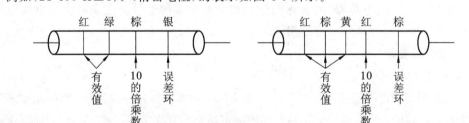

图 4-4 四环电阻　　图 4-5 五环电阻

如果金色、银色是在 10 的倍乘数位置，则金色表示 $10^{-1}$，银色表示 $10^{-2}$。

（4）数码表示法：常见于集成电阻器和贴片电阻器等。其前两位数字表示标称阻值的有效数字，第三位表示"0"的个数。例如，在集成电阻器表面标出 104，则代表电阻器的阻值为 $10\times10^4$ $\Omega$。

### 4．电阻的测量

1）电阻好坏的判断

电阻器好坏的判断，可首先观察其引线是否折断、电阻阻身有无损坏。若完好，则可用万用表合适的挡位进行检测,如果事先无法估计电阻的阻值范围,应先采用较大量程测量,然后逐步减小至合适挡位。测试时当表上显示出电阻值时,将其与标称阻值相比较,在偏差范围内,则表明电阻正常;若显示为"0",则表明电阻短路;若显示为"1"(表示无穷大),则表明电阻断路。

在检测敏感电阻时,若敏感源(如光、热等)发生明显变化,则敏感电阻阻值应发生相应变化;否则,可判定敏感电阻出现故障。

2)电阻器的测量方法

当使用数字万用表测量电阻时,应首先将两支表笔短路,校零测出两支表笔间的电阻值,然后测出需要测量的电阻的阻值,并减去两表笔间的阻值,最后得到的才是被测电阻的真实电阻值。

在印制电路板上测量阻值时,应采用正反两次测量的方法。由于与之相连的元器件对测量结果有影响,正常测量结果应小于或者等于标称阻值。若正反两次测量有一次大于标称阻值而且超出偏差范围,则说明此电阻有问题,可拆下来单独测量。

# 4.3 电位器

## 1. 电位器与可变电阻

电位器与可变电阻从原理上说是相同的,电位器就是一种可连续调节的可变电阻器。除特殊品种外,电位器有三个引出端,通过一个活动端(也称为中心抽头或电刷)在固定电阻体上滑动,可以获得与转角或位移成一定比例的电阻值。

当电位器用于电位调节(或称分压)时习惯称其为电位器,它是一个四端元件,而电位器在作为可调电阻使用时,是一个两端元件。

可见电位器与可变电阻是由于使用方式的不同而演变出的对同一元件的不同称呼,有时可将二者统称为可变电阻。习惯上人们将带有手柄易于调节的称为电位器,而将不带手柄或调节不方便的称为可调电阻(也称微调电阻)。

## 2. 电位器的分类与型号

目前使用较多的电子电位器或称数字电位器,实际上是数控模拟开关加一组电阻器构成的功能电路,仅借用"电位器"的名称而已。如今已有多种型号的数字电位器集成电路上市,其特性和应用与一般集成电路的相同。

## 3. 电位器的参数

1)额定功率

电位器上两个固定端的最大允许耗散功率为额定功率。使用中应注意,额定功率不等于中心轴头与固定端的功率。线绕电位器系列的额定功率为 0.025 W,0.05 W,0.1 W,0.25 W,0.5 W,1 W,2 W,3 W 等。

2)滑动噪声

当电刷在电阻体上滑动时,电位器中心端与固定端之间的电压出现无规则的起伏现象,称为电位器的滑动噪声。它是由电阻体电阻率分布不均匀性和电刷滑动时接触电阻的无规律变化引起的。

3)分辨率和机械零位电阻

电位器对输出量可实现的最精细的调节能力,称为分辨率。线绕电位器的分辨率比非线绕电位器的分辨率要低。理论上的机械零位,实际由于接触电阻和引出端的影响,电阻一般不为零。某些应用场合对此电阻有要求,应选用机械零位电阻尽可能小的品种。

4)阻值变化规律

常见电位器阻值变化规律分为线性变化、指数变化和对数变化等。此外,根据不同需要,还可制成按其他函数规律变化的电位器,如正弦电位器、余弦电位器等。

## 4.4 电容器

### 1. 电容的相关概念

电容是表征电容器容纳电荷本领的物理量。电容器应满足 $i = C \cdot (\mathrm{d}u/\mathrm{d}t)$ 的伏安特性,其容量大小用字母 $C$ 表示,电容的基本单位是法拉(F)。法拉这个单位比较大,所以经常采用较小的单位,如毫法、微法、纳法、皮法等。在电路中,电容器常用于谐振、耦合、隔直、旁路、滤波、移相、选频等电路。

### 2. 电容器的分类

电容器的细分种类很多,一般按照结构和材料两种方式来进行分类。按照结构不同,电容器可分为固定电容器、可变电容器和微调电容器等三类;按照介质材料不同,电容器可分为有机固体介质电容器、无机固体介质电容器、电解质电容器、气体介质电容器、复合介质电容器等。其中:有机固体介质电容器可分为玻璃釉电容器、云母电容器和瓷介电容器等三类;电解质电容器可分为铝电解电容器、铌电解电容器和钽电解电容器等三类。表 4-2 中列出了几种常见电容器的性能及用途比较。

表 4-2 几种常见电容器的性能及用途比较

| 名　　称 | 性　　能 | 用　　途 | 容量范围 |
|---|---|---|---|
| 玻璃釉电容器 | 抗潮湿,体积小,重量轻,可在高温条件下工作 | 小型电子仪器 | $10 \sim 0.1\,\mu\mathrm{F}$ |
| 云母电容器 | 精密度高,可靠稳定,频率特性好,不易老化,容量小 | 无线电中高电压、大功率设备 | $5 \sim 51\,000\,\mathrm{pF}$ |
| 瓷介电容器 | 体积小,绝缘性好,稳定性好,电气性能优异,容量小,机械强度低 | 高频、高压电路 | $1 \sim 6\,800\,\mathrm{pF}$ |
| 铝电解电容器 | 重量轻,单位体积电容量较大,介电常数较大,稳定性差,有极性 | 交流旁路和滤波 | $1 \sim 10\,000\,\mu\mathrm{F}$ |
| 钽电解电容器 | 稳定性好,体积小,容量大,寿命长,有极性 | 滤波、交流旁路,适宜于小型化电路 | $1 \sim 1\,000\,\mu\mathrm{F}$ |

### 3. 电容的参数与识别

(1)固定电容器文字符号为 $C$,图形符号如图 4-6 所示。

有极性电容

无极性电容

图 4-6 电容器图形符号

(2)电容器的容量单位有法拉(F)、毫法(mF)、微法($\mu$F)、纳法(nF)、皮法(pF)等,其转

换公式为 $1\,\mathrm{F}=10^3\,\mathrm{mF}=10^6\,\mu\mathrm{F}=10^9\,\mathrm{nF}=10^{12}\,\mathrm{pF}$。

(3) 电容器的容量识别方法与电阻器的相似,有直标法、数字法(即数码表示法)、文字符号表示法和色标法等。

① 直标法的规则是:凡不带小数点的整数,不标单位,其单位为 pF;凡带小数点的数,不标单位,其单位为 $\mu\mathrm{F}$,如图 4-7 所示。

图 4-7　电容器容量直标法

② 数字法的规则是:前 2 位数为有效数,第 3 位为 10 的倍乘数(若第 3 位数字为 9,表示 $10^{-1}$),单位为 pF,如图 4-8 所示。

图 4-8　电容器容量数字法

③ 文字符号表示法:用数字和字母的组合来表示电容的容量。通常用两个数字和一个字母来标称,字母前为容量值的整数,字母后为容量值的小数,字母代表的是容量的单位。例如,8.2 pF 标注为 8 p2,10 nF 标注为 10 n,如图 4-9 所示。

图 4-9　电容器容量文字符号表示法

④ 色标法:与电阻的色标法类似,其单位为 pF。

除以上几种表示方法外,新型的贴片还使用一个字母加一个数字或一种颜色加一个字母来表示其容量。

**4. 电容的测量**

1) 电容器好坏的判断

(1) 在测量电容器之前,必须将电容器两只引脚进行短路(放电),以免电容器中存在的电荷在测量时向仪表放电而损坏仪表。

(2) 在测量电容器时,不能用手并接在被测电容器的两端,以免人体漏电电阻与被测电容器并联在一起,引起测量误差。

(3) 用数字万用表检测电容器充放电现象,可将数字万用表拨至适当的电阻挡挡位,将两支表笔分别接在被测电容 $C_{\mathrm{x}}$ 的两个引脚上,这时屏幕显示值将从"000"开始逐渐增加,直至显示溢出符号"1"。若始终显示"000",说明电容器内部短路;若始终显示"1",说明电容器内部开路,也可能是所选择的电阻挡挡位不合适。观察电容器充电的方法是:当测量较大的电容器时,选择低电阻挡;当电容较小时,选择高电阻挡。

2)电容器容量测量

通过以上测试确定电容器的好坏后,再用数字万用表或 RLC、LC 专用表测量其实际电容值。需要注意的是:标称电容器容量超过 20 $\mu$F 时不能在数字万用表上测量,应使用 RLC 测试仪测量。RLC 测试仪测量电容器容量值如图 4-10 所示。

图 4-10　测量电容器容量值示意图

 ## 4.5　电感器与变压器

**1. 电感的概念**

电感器一般又称为电感线圈,在谐振、耦合、滤波、陷波等电路中应用十分普遍。与电阻器、电容器不同的是,电感线圈没有品种齐全的标准产品,特别是一些高频小电感,通常需要根据电路要求自行设计制作,本书主要介绍标准电感线圈。

1)自感和互感

当线圈中有电流通过时,线圈的周围会产生磁场。当线圈自身电流发生变化时,其周围的磁场也随之变化,从而使线圈自身产生感应电动势,这种现象称为自感。当两个电感线圈相互靠近时,一个电感线圈的磁场变化将影响另一个电感线圈,这种现象称为互感。

2)电感器

电感器是利用自感作用的一种元器件。它是用漆包线或纱包线等绝缘导线在绝缘体上单层或多层绕制而成的。其伏安特性应满足 $u = L \cdot (\mathrm{d}i/\mathrm{d}t)$。

电感器的电感大小用字母 $L$ 表示。电感的基本单位是亨利(H)。电感器在电路中起调谐、振荡、阻流、滤波、延迟、补偿等作用。其单位换算为 $1\ \mathrm{H} = 10^3\ \mathrm{mH} = 10^6\ \mu\mathrm{H}$。

3）变压器

变压器是利用多个电感线圈产生互感来进行交流变换和阻抗变换的一种元器件。它一般由导电材料、磁性材料和绝缘材料三部分组成。在电路中,变压器主要用于交流电压、电流变换、阻抗变换和缓冲隔离等。

**2. 电感器的分类**

电感器一般可分为小型固定电感器、固定电感器和微调电感器等。

（1）小型固定电感器:这一类电感器中最常用的是色码电感器。它是直接将线圈绕在磁芯上,再用环氧树脂或者塑料封装起来,在其外壳上标示电感量的电感器。

（2）固定电感器:可以细分为高频阻（扼）流线圈和低频阻（扼）流线圈等。高频阻流线圈采用蜂房式分段绕制或多层平绕分段绕制而成,在普通调频收音机里就用到这种线圈。低频阻流线圈是将铁芯插入到绕好的空芯线圈中而形成的,常应用于音频电路或场输出电路。

（3）微调电感器:是通过调节磁芯在线圈中的位置来改变电感量大小的电感器。半导体收音机中的振荡线圈和电视机中的行振荡线圈等就属于这种电感器。

**3. 电感器的识别**

（1）电感器的基本参数主要有以下几个。

① 标称电感量:电感器的电感量可以通过各种方式标示出来,电感量的基本单位是亨利（H）。

② 额定电流:允许长时间通过线圈的最大工作电流。

③ 品质因数（Q 值）:线圈在某一频率下所表现出的感抗与线圈的损耗电阻的比值,或者说是在一个周期内储存能量与消耗能量的比值。其计算公式为 $Q = \omega L / R$。品质因数 $Q$ 值取决于线圈的电感量、工作频率和损耗电阻,其中,损耗电阻包括直流电阻、高频电阻、介质损耗电阻。$Q$ 值越大,电感的损耗越小,其效率也就越高。

**图 4-11　分布电容等效电路**

④ 分布电容（固有电容）:线圈的匝与匝之间,多层线圈的层与层之间,线圈与屏蔽层、地之间都存在电容,这些电容称为线圈的分布电容。把分布电容等效为一个总电容 $C$ 加上线圈的电感 $L$ 以及等效电阻 $R$,就可以构成图 4-11 所示的等效电路图。在直流和低频情况下,图中的 $R$ 和 $C$ 可以忽略不计,但是当频率提高时,$R$ 和 $C$ 的影响就会增大,进而影响到 $Q$ 值。所以,电感线圈只有在一定频率以下工作时,才具有较明显的电感特性。

（2）电感器的标识方法主要有直标法、文字符号法、色标法和数码表示法等。

① 直标法:直接用数字和文字符号标注在电感器上,由三个部分组成,前面的数字和字母分别表示电感量的大小和单位,最后一个字母表示其允许误差。

② 文字符号法:小功率电感器一般采用这种方法标注,使用 N 或 R 代表小数点的位置,对应的单位分别是 nH 和 $\mu$H,最后一位字母表示允许误差。

③ 色标法:一般采用四环标注法,其单位为 $\mu$H,紧靠电感体一端的色环是第一环,前两环为有效数字,第三环为 10 的倍乘数,第四环为误差环。

④ 数码表示法:默认单位为 $\mu$H,前两位数字为有效数字,第三位数字为 10 的倍乘数;用 R 表示小数点的位置,最后一个字母表示允许误差。

（3）检测电感线圈的参数一般使用专用的电感测量仪或者电桥进行测试。一般情况下,根据电感器本身的标识以及它的外形尺寸来选用合适的电感测量挡位,因为电感的可替代性比较强,使用数字万用表测量电感器时主要是检测其性能。使用合适的电阻挡对电感器进行检测时,若测得的电阻值远大于标称值或者趋近于无穷大,则说明电感器断路;若测得的电阻值过小,说明线圈内部有短路故障。

**4. 变压器的识别**

变压器按照工作频率的不同可分为高频变压器、中频变压器、低频和脉冲变压器等,按照其耦合材料的不同可分为空芯变压器、铁芯变压器和磁芯变压器等。

变压器主要由铁芯和绕组组成。铁芯是由磁导率高、损耗小的软磁材料制成;绕组是变压器的电路部分,初级绕组、次级绕组以及骨架组成的线包需要与铁芯紧密结合以免产生干扰信号。变压器的主要参数有以下几个。

（1）变压比:次级电压与初级电压的比值或次级绕组匝数与初级绕组匝数之比。

（2）额定功率:在规定的电压和频率下,变压器能长期正常工作的输出功率。

（3）效率:变压器输出功率与输入功率的比值。此外,变压器的参数还有空载电流、空载损耗、温升、绝缘电阻等。

变压器的检测方法是:将数字万用表的转换开关拨至 2k(20k)或 200 Ω 挡位置,用两支表笔分别接在变压器初级两端或次级两端,测出初级电阻和次级电阻,如图 4-12 所示。如果测出初级电阻或次级电阻为 0 或∞,则该变压器内部短路或开路,变压器已损坏。

数字万用表 电源变压器

**图 4-12 电源变压器初级和次级电阻测量**

 *4.6* 半导体分立器件

**1. 半导体分立器件的概念**

导电性能介于导体与绝缘体之间的材料叫作半导体。由半导体材料制成的具有一定电路作用的器件称为半导体器件。半导体器件因具有体积小、功能多、成本低、功耗低等优点而得到广泛的应用。半导体器件包括半导体分立器件和半导体集成器件。在这一节里,主要介绍一些常见的半导体分立器件。

**2. 半导体分立器件的分类与命名**

1）半导体分立器件的分类

半导体分立器件主要有二端器件(晶体二极管)和三端器件(晶体三极管)两大类。

晶体二极管按材料可分为锗材料二极管和硅材料二极管两类;按用途可分为整流二极管、发光二极管、开关二极管、检波二极管、稳压二极管和光敏二极管等;按结构特点可分为点接触二极管和面接触二极管两类。

晶体三极管按材料可分为锗材料三极管和硅材料三极管;按电性能可分为高频三极管、

低频三极管、开关三极管和高反压三极管等;按制造工艺可分为扩散三极管、合金三极管、台面三极管、平面三极管及外延三极管等。

2)半导体分立器件的命名

在不同的国家,半导体器件型号的命名方法不同。现在世界上应用较多的命名方法包括:国际电子联合会半导体器件型号命名法,主要应用于欧洲国家,如意大利、荷兰、法国等;美国半导体器件型号命名法,主要指美国电子工业协会半导体器件型号命名法;日本半导体器件型号命名法等。

我国也有一套完整的半导体器件命名方法——中国半导体器件型号命名方法。按照规定,半导体器件的型号由五个部分组成,场效应管、复合管、PIN 管等无第一部分和第二部分,另外,第五部分表示器件的规格号,有些器件没有第五部分。具体每一部分的表示符号及其符号代表的意义参见表 4-3 所示。

表 4-3　中国半导体器件型号命名法

| 第一部分 用数字表示 器件的电极数目 | | 第二部分 用字母表示 器件的材料和极性 | | 第三部分 用字母表示 器件的类型 | | 第四部分 用数字表示 器件的序号 |
|---|---|---|---|---|---|---|
| 2 | 二极管 | A B C D | N 型,锗管 P 型,锗管 N 型,硅管 P 型,硅管 | A D G X P V W C Z L S N U K B T Y J | 高频大功率管 低频大功率管 高频小功率管 低频小功率管 普通管 微波管 稳压管 参数管 整流管 整流堆 隧道管 阻尼管 光电器件 开关管 雪崩管 可控整流器 体效应器件 阶跃恢复管 | — |
| 3 | 三极管 | A B C D E | EPNP 型,锗管 NPN 型,锗管 PNP 型,硅管 NPN 型,硅管 化合物材料 | | | |
| — | | — | | CS FH PIN BT JG | 场效应器件 复合管 PIN 型管 半导体特殊器材 激光器材 | — |

**3. 半导体二极管**

半导体二极管由一个 PN 结、电极引线和外部的密封管壳制作而成。

1) 普通半导体二极管

普通半导体二极管的极性,可根据二极管单向导通的特性来判断。将数字万用表拨至二极管挡,将两支表笔分别接在二极管的两个电极上,若屏显值为二极管正向压降范围(一般锗管的正向压降为 0.2～0.3 V,硅管的正向压降为 0.6～0.7 V;本课程后面章节涉及的 S2000 型直流稳压/充电电源制作所使用的二极管压降显示范围应该为 500～700 mV),说明二极管正向导通,红表笔接的是二极管的正(＋)极;黑表笔接的是二极管的负(－)极,如图 4-13(a)所示。若屏显为"1",说明二极管处于反向截止状态。此时,红表笔接的是二极管的负(－)极,黑表笔接的是二极管的正(＋)极,如图 4-13(b)所示。

图 4-13　二极管的极性判别

若所使用的万用表没有二极管测试挡位时,可以根据二极管正向阻值较小(一般是几百欧到几千欧之间),反向阻值较大(几十千欧或以上)的特点来判断二极管极性。

普通半导体二极管的好坏判别及参数测量方法如下所述。

将数字万用表拨至二极管挡,如图 4-14(a)所示,用红表笔接二极管的正(＋)极,黑表笔接二极管的负(－)极,屏显应为正常压降范围;若交换表笔再测一次,图 4-14(b)所示屏显应为"1",则说明二极管合格。若两次均显示为"000",说明二极管击穿短路;若两次均显示为"1",说明二极管开路。

图 4-14　二极管的好坏判别

2) 发光二极管的测量

发光二极管极性的识别与判别有以下 4 种方式。

(1) 根据发光二极管的引脚长短识别,通常长电极为正(＋)极,短电极为负(－)极。

(2) 根据塑封二极管内部极片识别,通常小极片为正(＋)极,大极片为负(－)极。

(3) 将数字万用表转换开关拨至二极管挡,用红表笔接发光二极管正(＋)极,黑表笔接发光二极管负(－)极,测得数值为发光管正向压降范围(发光二极管正向压降一般为 1.6～2.1V 之间),调换表笔再测一次,若屏幕显示为"1",则表明发光二极管合格正常。

(4) 如图 4-15 所示,将发光二极管的正极插入 NPN 型管座的"C"孔中,负极插入"E"孔中,发光应为正常。若不发光,说明发光二极管已损坏或管脚插反,可调换管脚重新测试。

图 4-15　发光二极管正反向测量

### 4. 晶体三极管

晶体三极管是由两个 PN 结连接相应电极封装而成的。其主要参数有直流放大系数 $h_{FE}$ 和交流放大系数 $\beta$。

#### 1) 基极及类型判别

基极及类型判别如图 4-16 和图 4-17 所示。

图 4-16　NPN 型三极管的基极及类型判别

图 4-17　PNP 型三极管基极及类型判别

NPN 型三极管的结构如图 4-16(c)所示,B 极引自 P 区,C 极、E 极分别从两个 N 区引出。

PNP 型三极管的结构如图 4-17(c)所示,B 极引自 N 区,C 极、E 极分别从两个 P 区引出。

因而从二极管单向导通特性可以判别二极管的类型和基极,具体的判别步骤如下。

(1) 将数字万用表拨至二极管挡。

(2) 用红表笔固定某一电极,黑表笔分别接触另外两个电极,若两次都显示一定压降(一般为 0.5~0.7 V),证明红表笔接的是基极(B),被测晶体管是硅材料 NPN 型管。

(3) 用黑表笔固定某一电极,红表笔分别接触另外两个电极,若两次都显示一定压降(一般是 0.5~0.7 V),证明黑表笔是基极(B),被测晶体管是硅材料 PNP 型管。

2) 集电极(C)和发射极(E)的判别

集电极(C)和发射极(E)的判别方法和步骤如下。

(1) 先用上述方法判别三极管的基极及类型。

图 4-18 三极管放大倍数的测量

(2) 如图 4-18 所示,在判定了三极管的类型和基极的基础上,将数字万用表拨至 HFE 挡,根据以上判定的三极管类型插入 NPN 或 PNP 测试孔,先把被测三极管的基极插入 B 孔,余下两个电极分别插入 C 孔和 E 孔中,若屏显数值为几十至几百,说明三极管接法正常,有放大能力,读数即为放大倍数,此时插入 C 孔的电极是集电极,E 孔的电极是发射极。若屏显数值为个位数至十几,说明管子集电极与发射极插反,须重新调换测试来判别 C 极和 E 极。

 **4.7 集成电路 IC 元件**

**1. 集成电路的相关概念**

集成电路(integrated circuit,IC)就是将晶体二极管、三极管、电阻、电容等元器件按照特定要求的电路连接制作在一块硅单晶片上。它具有体积小、重量轻、可靠性高、集成度高、互换性好等特点。随着科技的发展,集成电路的集成度也越来越高,集成电路也越来越广泛地应用到我们日常的生活中。图 4-19 所示为某液晶显示器中的集成电路。

**2. 集成电路的分类**

1) 按制造工艺和结构分类

集成电路可分为半导体集成电路、膜集成电

图 4-19 双列直插 8 脚集成电路

路(又可细分为薄膜、厚膜两类)和混合集成电路。

通常提到集成电路指的是半导体集成电路,也是应用最广泛、品种最多的集成电路,膜集成电路和混合集成电路一般用于专用集成电路,通常称为模块。

2) 按集成度分类

集成度指一个硅片上含有元件的数目,一般常用的集成电路中,以大规模集成电路为主,超大规模集成电路主要用于存储器及计算机 CPU 等专用芯片中。

由于微电子技术的飞速发展,上述分类已不足以反映集成度的规模。一个硅片上集成千万只晶体管已经实现,预计若干年内单个硅片上集成的晶体管可达 10 亿只以上。

3) 按应用领域分

同一功能的集成电路按不同应用领域所规定的技术指标,可分为军用品、工业用品和民用品(又称商用)三大类。

在军事、航空、航天等领域,集成电路的运行环境恶劣、装置密度高,对集成电路的可靠性要求极高,产品价格退居次要地位,这是军用品的特点。

对于民用品,在保证一定可靠性和性能指标的前提下,性能价格比是产品能否成功的重要条件之一,显然如果在普通电子产品中选用了军用品,是达不到高性能价格比的。

工业用品则是介于二者之间的一种产品,但不是所有集成电路都有这三个品种。

4) 按使用功能分类

按使用功能划分集成电路,是国外很多公司的通用方法,一些国际权威数据出版商就是按使用功能划分集成电路数据资料的。

5) 按半导体工艺分类

(1) 双极型电路　在硅片上制作双极型晶体管构成的集成电路,由空穴和电子两种载流子导电。

(2) MOS 电路　MOS 管中参加导电的是空穴或电子中的一种载流子,又可分为以下 3 种。

① NMOS 由 N 沟道 MOS 器件构成。

② PMOS 由 P 沟道 MOS 器件构成。

③ CMOS 由 N、P 沟道 MOS 器件构成互补形式的电路。

(3) 双极型-MOS 集成电路(BiMOS)　双极型晶体管和 MOS 电路混合构成集成电路,一般前者作为输出级,后者作为输入级。

双极型电路驱动能力强但功耗较大,MOS 电路则反之,双极型-MOS 集成电路兼有二者优点,MOS 电路中 PMOS 和 NMOS 已趋于淘汰。

6) 专用集成电路

专用集成电路(ASIC)是相对于通用集成电路而言的。它是为特定的应用领域或特定的电子产品专门研制的集成电路,目前应用较多的有以下几种。

(1) 门阵列(GA)。

(2) 标准单元集成电路(CBIC)。

(3) 可编程逻辑器件(PLD)。

(4) 模拟阵列和数字-模拟混合阵列。

(5) 全定制集成电路。

其中,对于(1)~(5)项,制造厂仅提供母片,由用户根据需要完成专用集成电路,因此也称为半定制集成电路(SCIC)。专用集成电路性能稳定、功能强、保密性好,具有广泛的前景和广阔的市场。

**3. TTL、CMOS 集成电路简介**

1) TTL 电路

TTL 电路的特点是:输出高电平高于 2.4 V,输出低电平低于 0.4 V。在室温下,一般输出高电平是 3.5 V,输出低电平是 0.2 V。最小输入高电平和低电平分别为 2.0 V 和 0.8 V,噪声容限是 0.4 V。最早的 TTL 门电路是 74 系列,后来发展到 74H、74L、74LS、74AS、74ALS 等系列。TTL 电路是电流控制器件,其具有速度快、传输延迟时间短(5～10 ns)等特点,但是功耗较大。

2) CMOS 电路

CMOS 电路的特点是:CMOS 电路输出高电平约为 $0.9 V_{CC}$,而输出低电平约为 $0.1 V_{CC}$,具有较宽的噪声容限。CMOS 电路是电压控制器件,其具有速度慢,传输延迟时间长(25～50 ns),但功耗低等特点。

**4. 集成电路的命名与替换**

集成电路的品种型号繁多,其命名方法也因地域、公司或厂商的不同而不同。我国国家标准中规定的集成电路型号命名由五个部分组成:国别标识、电路类型、电路系列和代号、温度范围、封装形式等。各个部分的表示方法及其含义见表 4-4。

表 4-4　中国半导体集成电路型号命名法

| 第一部分<br>国别标识 | 第二部分<br>电路类型 | 第三部分<br>电路系列和代号 | 第四部分<br>温度范围 | 第五部分<br>封装形式 | |
|---|---|---|---|---|---|
| C:<br>中国制造 | T:TTL 电路 | 与国际同品种保持一致,如 TTL 可分为:<br>54/74×××<br>54/74H×××<br>54/74L×××<br>54/74S×××<br>54/74LS×××<br>54/74AS×××<br>54/74ALS×××<br>54/74F×××<br>CMOS 可分为:<br>54/74HC×××<br>54/74HCT×××<br>4000 系列 | C:0～70℃ | W | 陶瓷扁平 |
| | H:HTTL 电路 | | G:-25～70℃ | B | 塑料扁平 |
| | E:ECL 电路 | | L:-25～85℃ | D | 陶瓷直插 |
| | C:CMOS 电路 | | E:-40～85℃ | P | 塑料直插 |
| | M:存储器 | | R:-55～85℃ | J | 黑瓷直插 |
| | U:微型机电路 | | M:-55～125℃ | K | 金属菱形 |
| | F:线性放大器 | | | T | 金属圆形 |
| | W:稳压器 | | | | |
| | D:音响、电视电路 | | | | |
| | B:非线性电路 | | | | |
| | J:接口电路 | | — | — | |
| | AD:A/D 转换器 | | | | |
| | DA:D/A 转换器 | | | | |
| | SC:通信专用电路 | | | | |
| | SS:敏感电路 | | | | |
| | SW:钟表电路 | | | | |
| | SJ:机电仪电路 | | | | |
| | SF:复印机电路 | | | | |

集成电路是最能体现电子产业日新月异、飞速发展的一类电子元器件。它不仅品种繁多,而且新品种层出不穷,要熟悉所有集成电路几乎是不可能的,实际上也没有必要,但对常用的集成电路有所了解则非常必要。下面从实用的角度介绍常用集成电路的封装、引脚识别等应用知识。

**5. 集成电路的封装与引脚识别**

集成电路的封装种类繁多,不同国家和地区的分类和命名方法也不一样,具体应用时需要查阅相关资料。表 4-5 所示为常见集成电路封装、引脚识别及特点。

表 4-5　常见集成电路封装、引脚识别及特点

| 封装类型 | 说明 |
| --- | --- |
| TO-99 金属圆形封装 | 最初的芯片封装形式。引脚数 8～12。散热好,价格高,屏蔽性能良好,主要用于高档产品 |
| PZIP(plastic zigzag in-line package) 塑料 ZIP 型封装 | 引脚数 3～16。散热性能好,多用于大功率器件 |
| SIP(single in-line package) 单列直插式封装 | 引脚中心距通常为 2.54mm,引脚数 2～23,多数为定制产品。造价低且安装方便,广泛用于民用品 |
| DIP(dual in-line package) 双列直插式封装 | 绝大多数中小规模 IC 均采用这种封装形式,其引脚数一般不超过 100 个。适合在 PCB 板上插孔焊接,操作方便。塑封 DIP 应用最广泛 |
| SOP(small out-line package) 双列表面安装式封装 | 引脚有 J 形和 L 形两种形式,引脚中心距一般分 1.27 mm 和 0.8 mm两种,引脚数 8～32。体积小,是最普及的表面贴片封装形式 |
| PGA(pin grid array package) 插针网格阵列封装 | 插装型封装之一,其底面的垂直引脚呈阵列状排列,一般要通过插座与 PCB 板连接。引脚中心距通常为 2.54 mm,引脚数为 64～447。插拔操作方便,可靠性高,可适用于更高的频率 |

| 封 装 类 型 | 说 明 |
| --- | --- |
| BGA(ball grid array package)<br>球栅阵列封装 | 表面贴装型封装之一,其底面按阵列方式制作出球形凸点用以代替引脚。适用频率超过 100 MHz,I/O 引脚数大于 208 pin。电热性能好,信号传输延迟小,可靠性高 |
| PLCC(plastic leaded chip carrier)<br>塑料有引线芯片载体 | 引脚从封装的四个侧面引出,呈 J 字形。引脚中心距1.27 mm,引脚数 18~84。J 形引脚不易变形,但焊接后的外观检查较为困难 |
| CLCC(ceramic leaded chip carrier)<br>陶瓷有引线芯片载体 | 陶瓷封装,其他同 PLCC |
| LCCC(leaded ceramic chip carrier)<br>陶瓷无引线芯片载体 | 芯片封装在陶瓷载体中,无引脚的电极焊端排列在底面的四边。引脚中心距 1.27 mm,引脚数 18~156。高频特性好,造价高,一般用于军用品 |
| COB(chip on board)<br>板上芯片封装 | 裸芯片贴装技术之一,俗称软封装。IC 芯片直接黏结在 PCB 板上,引脚焊接在铜箔上并用黑塑胶包封,形成帮定板。该封装成本较低,主要用于民用品 |
| SIMM(single in-line memory module)<br>单列存储器组件<br> | 通常指插入插座的组件。只在印刷基板的一个侧面附近配有电极的存储器组件。有中心距为 2.54 mm(30 pin)和中心距为 1.27 mm(72 pin)两种规格 |

69

## 4.8 其他元器件

### 1. 机电元件

利用机械力或电信号的作用,使电路产生接通、断开或转换等功能的元件,称为机电元件。常见于各种电子产品中的开关、连接器(又称接插件)等都属于机电元件。

机电元件的工作原理及结构较为直观简明,容易为设计人员及整机制造者所轻视。实际上机电元件对电子产品的安全性、可靠性及整机水平关系很大，而且是故障多发点。正确选择使用和维护机电元件是提高电子工艺水平的关键之一。

机电元件品种繁多，中外各异，如要深入了解可参考相关手册或产品样本。

**2. 开关**

开关是用于接通或断开电路的一种广义功能元件，其种类繁多。一般提到的开关习惯上是指手动式开关，如压力控制、光电控制、超声控制等具有控制作用的开关，实际上它们已不是一个简单的开关，而是包括了较复杂的电子控制单元的器件。至于常见于书刊中的"电子开关"则指的是利用晶体管、可控硅等器件的开关特性构成的控制电路单元，不属于机电元件的范畴。为了应用方便，人们也将它们列入开关的行列。

开关的"极"和"位"是了解开关类型必须掌握的概念。所谓的"极"指的是开关的活动触点(过去习惯称为"刀")，"位"则指开关的静止触点(习惯上也称为"掷")。

开关的主要参数如下。

（1）额定电压：指正常工作状态下开关可以承受的最大电压，在交流电路中则指交流电压的有效值。

（2）额定电流：指正常工作时开关所允许通过的最大的电流，在交流电路中指交流电流的有效值。

（3）接触电阻：指开关接通时，相通的两个接点之间的电阻值。接触电阻值应越小越好，一般开关的接触电阻值小于 200 mΩ。

（4）绝缘电阻：指开关不相接触的各导电部分之间的电阻值。绝缘电阻值应越大越好，一般开关的绝缘电阻值在 100 mΩ 以上。

（5）耐压：也称为抗电强度，指开关不相接触的导体之间所能承受的电压值。一般开关耐压大于 100 V，对于电源开关而言，要求耐压不小于 500 V。

（6）工作寿命：开关在正常工作条件下使用的次数；一般开关为 5 000～10 000 次，要求较高的开关可达 $5 \times 10^4 \sim 5 \times 10^5$ 次。

# 4.9　电子元器件的选择及应用

在电路原理图中，元器件是一个抽象概括的图形文字符号；而在实际电路中，元器件是一个具有不同几何形状、物理性能、安装要求的具体实物。一个电容器符号代表了几十个型号，以及几百甚至成千上万种规格的实际电容器，如何正确选择才能既实现电路功能，又保证设计性能，实在不是一件容易的事。对于一件电子产品而言，其最重要的是经济性和可靠性，本节从应用角度出发介绍元器件的选用要领。

**1. 电子元器件的关键指标**

在电子技术课程中学习元器件主要关注的是它的电气参数，而在电子工艺技术中则更注重元器件的工艺性能，如焊接性能、机械性能等。

1）电子元器件的电气性能参数

电气性能参数用于描述电子元器件在电子电路中的性能，主要包括电气安全性能参数、环境性能参数和电气功能参数。

电气安全性能参数反映元器件在人身、财产安全方面的性能。通常，技术标准对这类参数的规定都相当严格，主要技术参数有耐压、绝缘电阻等。环境性能参数反映了环境变化对元器件性能的影响,主要技术参数有温度系数、电压系数、频率特性等。电气功能参数通常表示该元器件的电气功能。不同的元器件,使用的主要功能参数是不一样的,如电阻、电容、电感和三极管的主要功能参数分别是电阻抗、电容量、电感量和电流放大倍数。为了准确地描述一个元器件,可以使用多个功能参数,如三极管的功能参数有电流放大倍数、开启电压、开关时间等。

2)电子元器件的使用环境参数

任何电子元器件都有一定的使用条件。环境参数规定了元器件的使用条件,主要包括气候环境参数和电源环境参数。

气候环境主要是指元器件的工作温度、湿度等。气候环境参数主要包括最高温度/湿度和最低温度/湿度。

电源环境是指电子元器件工作的电源电压、电源频率和空间电磁环境等。电子元器件在不同的电源环境下,其电气性能不同的。例如,空间天线电波对元器件的影响,雷电对元器件的影响等。电源环境参数主要包括额定工作电压、最大工作电压和额定功率、最大功率等。

3)电子元器件的机械结构参数

任何电子元器件都具有一定的形状和体积。在电子产品组装时,必须在结构和空间上合理安装元器件。机械结构参数主要包括外形尺寸、引脚尺寸和机械强度等。

在实际生产过程中,设备的振动和冲击是无法避免的。如果选用的元器件的机械强度不高,就会在振动时发生断裂,造成损坏,使电子设备失效。所以,在设计制作电子产品时,应该尽量选用机械强度高的元器件,并从整机结构方面采取抗振动、耐冲击的措施。

4)电子元器件的焊接性能

因为大部分电子元器件都是靠焊接实现电路连接的,所以元器件的焊接性能也是它们的主要参数之一。

电子元器件焊接性能一般包括两个方面:一是引脚的可焊性;二是元器件的耐焊接性。可焊性是指焊接时引脚上锡的难易程度,为了提高焊接质量,减少焊接质量问题,应该尽量选用那些可焊性良好的元器件。

由于焊接时温度非常高,一般达到 230 ℃以上,无铅焊接则达到了 260 ℃,元器件能否在短时间内忍受焊接时的高温,是衡量元器件焊接性能的重要指标之一。

5)电子元器件的寿命

随着时间的推移和工作环境的变化,元器件的性能参数会发生变化。当它们的参数变化到一定限度时,尽管外加的工作条件没有改变,也会导致元器件不能正常工作或失效。元器件能够正常工作的时间就是元器件的使用寿命,它是衡量元器件性能的重要指标之一。

电子元器件的电气性能参数指标与其性能稳定可靠是两个不同的概念。性能参数良好的元器件,其可靠性不一定高,相反,规格参数差一些的元器件,其可靠性也不一定低。电子元器件的大部分性能参数都可以通过仪器仪表立即测量出来,但是它们的可靠性或稳定性必须经过各种复杂的可靠性试验,或者在经过大量的、长期的使用之后才能判断出来。

**2. 电子元器件选择的基本准则**

(1)元器件的技术条件、技术性能、质量等级等均应满足装备的要求。

(2)优先选用经实践证明质量稳定、可靠性高、有发展前途的标准元器件,慎重选择非标准及趋于淘汰的元器件。

(3)应最大限度地压缩元器件的品种规格和生产厂家。

（4）未经设计定型的元器件不能在可靠性要求高的产品中正式使用。

（5）优先选用有良好的技术服务、供货及时、价格合理的生产厂家的元器件。

（6）关键元器件应进行供应商资质及能力的质量认定。

（7）在性能价格比相等时，应优先选用国产元器件。

### 3．质量控制与成本控制

大批量生产的电子产品，元器件特别是关键元器件的选择是十分慎重的，一般来说要经过以下步骤才能确认。

（1）选点调查：到有关厂商调查了解生产装备、技术装备、质量管理等情况，确认质量认证的通过情况。

（2）样品抽取试验：按厂商标准进行样品质量认定。

（3）小批量试用。

（4）最终认定：根据试用情况确认批量订购。

（5）竞争机制：关键元器件应选择两个制造厂商，同时下订单，防止供货周期不能保证，或者缺乏竞争而质量不稳定的弊病。

对于一般小批量生产厂商或科研单位，不可能进行上述质量认定程序，比较简单而有效的做法如下。

（1）选择经过国家质量认证的产品。

（2）优先选择国有大中型企业及国家、部委优质产品。

（3）选择国际知名的大型元器件制造厂商的产品。

（4）选择有信誉保证的代理供应商提供的产品。

同样功能的电子元器件，不同厂商生产的产品由于品质、品牌的差异，价格可能有较大差别；即使同一厂商，针对不同使用范围也有不同档次的产品。如何在保证质量的前提下达到可靠性与经济性的统一，这需要在元器件选择的过程中掌握统筹兼顾的技巧。

首要准则是要算综合账。在严酷的竞争市场中，产品的经济性无疑是设计制造者必须考虑的关键因素。但是如果片面追求经济，为了降低制造成本不惜采用低质元件，结果造成成品可靠性降低，维修成本提高，反而损害了制造厂的经济利益。粗略估算，当一个产品在使用现场因某个电子元器件失效而出现故障，生产厂家为修复此元件花费的代价，通常为该元器件购买费用的数百倍至数万倍。这是因为通常一个电子产品的元器件数量都在数百乃至数千，复杂的有数万至数十万件，有时要进行彻底检查才能确定失效元器件，加上运输、工作人员交通等费用，造成产品维修费用的上升。以上这些还未计算因可靠性不高造成企业信誉的损失。

从技术经济的角度来说，可靠性与经济性之间不是水火不容的，而是有一个最佳点。选用优质元器件，会使研制生产费用增加，但同时会使使用和维修费用降低，若可靠性指标选择合适，可使总费用达到最低水平。更何况由于产品可靠性提高会使企业信誉提高，品牌无形资产增加。综合计算的话，其经济性仍然是提高的。

其次，要根据产品要求和用途选用不同品种和档次的元器件。例如，很多集成电路都有军用品、工业用品和民用品三种档次，它们的功能完全相同，仅使用条件和失效率不同，但价格可相差数倍至数十倍，甚至百倍以上。如果在普通家用电器中采用军用品级元器件，将使成本提高，性能却不一定提高多少。这是因为有些性能指标对家用电器没有多少实际意义。还例如，民用品的工作温度一般为 $0 \sim 70 \, ℃$，军用品的工作温度为 $-55 \sim +125 \, ℃$，在家电正常使用环境中是不会考虑军用的这一档次的。所以，按需选用才是最佳选择。

最后还要提及的是即使在同一种电子产品中,也要合理选择其中元器件的品种和档次。例如,某电子产品在采用最先进集成电路的同时却选用低档的接插件和开关,由于这些接插件和开关的故障将会使集成电路的先进性能无用武之地;再如某仪器上与电位器串联的电阻器采用精密电阻,这无疑是一种浪费。

## 思 考 题

1. 阐述电子元器件的分类及特点。
2. 四环、五环色环电阻的识别方法? 误差环的意义何在。
3. 如何判定电阻的好坏?
4. 如何测量电容的值? 如何判定电容的好坏?
5. 如何测量电感值? 如何判定电感的好坏?
6. 如何检测变压器?
7. 如何判定二极管的极性与好坏? 如何判定二极管是锗管还是硅管?
8. 如何判定三极管的极性与好坏?
9. 集成电路 IC 器件有哪些分类? 介绍几个你感兴趣的器件的特点。
10. 电子元器件选用的基本原则是什么? 你如何看待质量、性能、价格之间的关系?

# 第5章 电子产品焊接技术与工艺

电子产品的元器件根据其外形可以分为插件式、贴片式两种,根据其电气特性可分为无源元器件、有源元器件两大类。在焊接中,我们通常称插件式元器件的焊接技术为通孔技术(THT,through hole technology);称贴片式无源元器件为表面贴装元件(SMC,surface mounted components),称贴片式有源元器件为表面贴装器件(SMD,surface mounted devices),业界也习惯将 SMD/SMC 的贴装技术统称为表面贴装技术(SMT,surface mounted technology)。在电子产品的生产过程中,焊接是十分重要的技术。无论是简单的元器件还是复杂的集成电路板,都需要通过电路连接来实现电子产品的功能。在各种电路连接方式中,焊接(特别是锡焊)是应用最广泛的一种技术,它能使电路中的各个连接部位既有良好的导电性能,又有较强的机械强度。可以说,锡焊技术直接关系到电子产品的质量和使用寿命。

根据不同的电路设计结果,在实际的自动化、半自动化电子产品的生产过程中,焊接的工艺也不尽相同,先后出现过浸焊技术、波峰焊技术、表面贴装技术(包含印锡、点胶、贴装回流焊等技术)等。本章将重点讲解手工焊接技术与表面贴装技术(SMT)。

##  5.1 焊接的基本知识

### 5.1.1 锡焊的机理

锡焊的基本原理是通过高温加热,使焊料在焊件上浸润、扩散,形成不可剥离的导电合金层,从而把焊件牢固地焊接在一起。其间包含以下三个主要过程。

**1. 焊料对焊件的浸润**

熔融焊料在金属表面形成均匀、平滑、连续并附着牢固的焊料层称为浸润,也称为润湿。浸润程度主要取决于焊件表面的清洁程度及焊料表面的张力。在焊料的表面张力小、焊件表面无油污,并涂有助焊剂的条件下,焊料的浸润性能较好。如图 5-1 所示为水与玻璃试管、水银与玻璃试管之间的浸润现象。焊料与焊件的浸润程度可以通过浸润后焊料与焊件表面夹角的大小来判断。

图 5-1　浸润现象及浸润程度

**2. 扩散**

高温加热被焊件和熔融焊料,二者的原子或分子在高温下相互运动渗透,形成表面合金层的过程称为扩散。

**3. 结合层**

焊料和焊件彼此扩散,会在二者交界面形成多种组织的结合层。形成结合层是锡焊的关键,如果没有形成结合层,仅仅是焊料堆积在母材上,则为虚焊。结合层的厚度因焊接温度、时间不同而异,一般在 $3 \sim 10~\mu m$ 之间。

## 5.1.2 锡焊工艺的种类

随着焊接工艺的发展,焊接工艺的种类也越来越丰富。手工焊接是电子技术工程人员应具备的最基本的专业技能,也是我们学习这门课程应该熟练掌握的技能之一。与手工焊接技术相对应的是自动焊接技术,现今最常用的自动焊接技术包括波峰焊、浸焊、回流焊、脉冲加热焊等。

**1. 波峰焊**

波峰焊是一种自动焊接工艺,其整个生产流程都在自动生产线上进行,适用于批量生产。波峰焊的主要焊接工序是元件插装、喷涂助焊剂、预热、波峰焊接、冷却、切头清除和自动卸板。在生产过程中,必须对每道工序的执行进行严格规范,否则其质量难以得到保证。图 5-2 所示为一款波峰焊机。

图 5-2 波峰焊机

**2. 浸焊**

浸焊是把装配好元器件的印制电路板浸入到盛有焊锡的槽内进行焊接的技术。浸焊适用于小批量的工业生产,其操作方便,但产品质量不易保证。

**3. 回流焊**

回流焊又称为再流焊,是伴随着微电子产品的出现而发展起来的一种新技术。它是把焊锡加工成一种拌有黏合剂的糊状物,黏结到插在印制电路板上的待焊元件引线上,然后加热印制电路板使糊状物溶化而再次流动,从而使元件焊接到印制电路板上。回流焊的效率高、质量好,一致性也较好。

**4. 脉冲加热焊**

脉冲加热焊是通过脉冲电流对焊点进行加热来焊接的一种方式。这种焊接适用于小型集成电路的焊接。此外,还有超声波焊、热超声重丝球焊等,这些工艺均有各自的特点。

### 5.1.3 锡焊的材料

**1. 锡焊材料**

锡焊材料为锡(Sn)、铅(Pb)的合金。锡、铅合金为共晶合金,其熔点为 183 ℃。对于单独的锡,其熔点为 232 ℃,单独的铅其熔点为 327 ℃。电烙铁头的温度一般在 200 ℃以下,完成一个焊点的时间一般控制在 3~5 s。

按照锡铅比例为 61.9:38.1 制成的焊锡材料性能是最好的,它具有以下优点。

(1) 熔点低。熔点低则加热温度低,可防止元器件损坏。

(2) 熔点和凝固点一致,可使焊点快速凝固,增加焊料强度。

(3) 流动性好,表面张力小,有利于提高焊点质量。

(4) 强度高,导电性好。

常用焊料的形状有丝状、圆片状、带状、球状和膏状等。其中,焊锡丝在手工焊接中使用得最为广泛,焊锡丝为管状结构,中间夹有固体松香助焊剂。焊锡丝的直径种类很多,一般从 0.5 mm 到 4 mm 不等。另一种较为常用的焊料是焊膏,焊膏由焊料合金、助焊剂和一些添加剂混合而成的具有一定黏性和良好触变性的膏状混合物,适用于回流焊和贴装元器件的焊接。

**2. 助焊剂**

在锡焊工艺中,松香是良好的助焊剂,其特点是:在常温下几乎没有任何化学活性,呈中性,而当加热到熔化时表现为酸性,可与金属氧化膜发生化学反应,变成化合物而悬浮在液态焊锡表面,这就起到了保护焊锡表面不被氧化的作用。另外,松香无腐蚀,绝缘性强。

同时,松香焊剂还可以增加焊料的流动性,减少其表面张力。在焊接的过程中,焊料熔化后能否迅速地流动并附着在焊件表面直接影响着最终焊点的质量。

**3. 阻焊剂**

焊接时,焊料只需要熔化并附着在相应的焊件上,这就意味着印制电路板上除需要焊接的部分以外,其他部分不允许有焊料附着。在实际生产中,用一种耐高温的阻焊涂层,使焊料只能在焊点部分进行焊接,这种阻焊涂层就是阻焊剂。印制电路板上常见的绿漆即为一种阻焊剂。

### 5.1.4 锡焊的条件及焊前准备

**1. 锡焊的条件**

只有当焊件、焊料及焊接的工具选用合适,并满足一定条件时,才能更好地保证焊接出的焊点达到一定的指标。因此,在焊接前,必须做到以下几点。

(1) 焊件必须具有充分的可焊性。只有能被焊锡浸润的金属才具有可焊性,并非所有的金属材料都具有良好的锡焊可焊性。例如,铬、钼、钨、铝等金属的可焊性就非常差;黄铜、紫铜等金属容易焊接,但表面容易产生氧化膜,为了提高可焊性,一般必须采用表面镀锡、镀银等措施。

(2) 焊件表面必须保持清洁。为了使焊锡和焊件达到原子间相互作用的距离,焊件表面任何污物杂质都应清除。

(3) 使用合适的焊剂。焊剂的作用是清除焊件表面氧化膜并减小焊料熔化后的表面张力,以利于浸润。不同的焊件、不同的焊接工艺应选择不同的焊剂,如不锈钢、铝等材料,不使用特殊的焊剂是无法焊接的。

(4) 使用适当的加热温度并均匀加热。焊接时,不但要将焊锡加热熔化,而且要将焊件加热到熔化焊锡的温度。只有在足够高的温度下,焊料才能充分浸润焊件,并充分扩散形成合金结合层。

**2. 焊前的准备工作**

要想使整个焊接满足以上几个条件,需要做一些焊前的准备工作(即预制)。

1) 除去焊件表面的锈迹、油污、灰尘、氧化层

元器件引线一般都镀有一层很薄的钎料,但时间一长,引线表面会产生一层氧化层,影响焊接。所以除少量表面镀锡、镀银、镀金的引线外,大部分元器件都应预制。用砂纸或锐器去除焊件表面的杂物和氧化层。

2) 镀锡

镀锡主要是为了使焊件具备充分的可焊性。对于导线或者某些没有经过预处理的元器件引线,需要事先镀上一层锡,这层锡镀在焊件的表面后会形成一种比原材料更加容易焊接的结合层,使焊接更加可靠。镀锡时要注意以下两点。

(1) 加热温度要合适,加热时间应得当。温度过低,时间太短焊锡融化不了,加热温度过高,时间太长,会烧坏元器件或使焊点发灰,所以焊接的时间和温度都必须恰到好处。

(2) 应使用有效的焊剂(松香)。松香经反复加热后会失效,发黑的松香实际上不起作用,反而容易夹杂到焊点中造成焊接缺陷。

 ## 5.2 手工焊接技术

手工焊接是现代电子工艺中必不可少的一个环节,是检测、维修中的必要手段。随着电子元器件的封装更新换代加快,由原来的直插式改变为平贴式,连接排线也由 FPC 软板进行替代,元器件电阻、电容经过了 1206、0805、0603、0402 后已迈向 0201 平贴式,BGA 封装后已使用了蓝牙技术,这无一例外的说明了电子发展已朝向小型化、微型化发展,手工焊接的难度也随之增大,在焊接当中稍有不慎就会损伤元器件,或者引起焊接不良,所以我们的一线手工焊接人员必须对焊接原理、焊接过程、焊接方法、焊接质量的评定,以及电子基础有一定的了解。

### 5.2.1 THT 手工焊接技术

**1. 焊接基本操作与要求**

1)焊接的坐姿及电烙铁的拿法

焊接操作的时候坐姿一定要端正,如图 5-3 所示。

20 cm以上

(a) 正确的姿势　　(b) 危险的姿势

**图 5-3　焊接操作时的正确坐姿与危险坐姿**

电烙铁的拿法如图 5-4 所示,具体介绍如下。

① 反握法:动作稳定,不易疲劳,适用于大功率焊接。

② 正握法:适用于中等功率电烙铁的操作。

③ 握笔法:适用于轻巧型的电烙铁,如 30 W 的内热式。其电烙铁头是直的,头端锉成一个斜面或圆锥状,适用于焊接面积较小的焊盘。

(a) 反握法　　　　　(b) 正握法　　　　　(c) 握笔法

图 5-4　电烙铁的拿法

2) 焊锡的拿法

连续锡焊和断续锡焊时焊锡的拿法分别如图 5-5(a)和图 5-5(b)所示。

(a)连续锡焊时焊锡丝的拿法　　　　　(b)断续锡焊时焊锡丝的拿法

图 5-5　焊锡丝的拿法

3) 焊接操作五步法

(1) 前期准备。此步骤很重要,应进行电烙铁及被焊器件的清洁等。准备好后,左手拿焊条,右手握电烙铁,处于随时可施焊状态。

(2) 加热焊件。应注意对焊件整体进行加热,电烙铁头应靠在被焊元器件的引线上,电烙铁与印制电路板的夹角应大于 30°,小于 45°。时间一般为 2～3 s。

(3) 焊条送入。当焊件达到一定温度后,应立即送入焊条,焊条既要和焊盘接触,又要与元器件引线接触,待焊锡熔化,直至浸满焊盘。

(4) 移开焊条。此时电烙铁头不动。

(5) 移开电烙铁。焊锡浸润焊盘或焊件的施焊部位后移开电烙铁。

从第(2)步开始到第(5)步结束,时间应控制在 4～5 s。整个五步过程如图 5-6 所示。

准备　　　　加热　　　　插入电烙铁　　拔出焊锡线　　拔出电烙铁
　　　用电烙铁给焊接　熔入适量焊锡线
　　　部位加热

图 5-6　锡焊五步操作方法

4）采用正确的加热方法

加热时应采用正确的加热方法（见图 5-7），让焊件上需要锡浸润的各部分均匀受热，如图 5-7(a)、图 5-7(b)、图 5-7(c) 中的电烙铁均没有对焊件整体进行加热，不能使所有焊件均匀受热，故不正确。而图 5-7(d)、5-7(e) 和图 5-7(f) 所示才是正确的操作方法。

图 5-7　采用正确的加热方法

5）撤离电烙铁的方法

撤离电烙铁应及时，而且撤离时的角度和方向对焊点形成也有一定的影响。对于初学者来说，无论焊锡还是电烙铁，撤离时应垂直向上撤离，这样可使焊点光滑，不长毛刺。电烙铁撤离方向和焊锡量的关系如图 5-8 所示。

图 5-8　电烙铁撤离方向和焊锡量的关系

6）焊点的质量要求

电子元器件在印制电路板上是靠焊点来固定的，因此一个焊点应达到以下几点要求。

（1）可靠的机械强度。应保证电路接触良好，并具有一定的机械强度，焊点则应有足够的接触面积，所以焊盘必须盖满焊锡。

（2）可靠的电气连接。一个焊点除了机械强度高以外，还应保持良好的电气连接，保证焊点随着时间的推移和周围环境的变化，其电气连接应始终如一。这是提高产品质量和寿命的关键。

7）合格焊点的外观

合格焊点的外观必须保证以下四点，如图 5-9 所示。

（1）焊点形状近似圆锥体，其锥体表面应成直线，切不可成气泡状曲线。焊锡料与焊件交界处接触角应尽可能小且平滑。

79

(a) 过多易造成短路

(b) 过少焊点强度低

(c) 合适的焊锡及合格的焊点

$a=(1\sim1.2)h$
合格焊点的示意

**图 5-9　合格的焊点与焊锡量的掌握**

（2）表面光泽且平滑。

（3）焊点匀称，呈拉开裙状。

（4）无裂纹、针孔、夹渣。

8）常见焊点缺陷分析

常见的焊点缺陷有以下几种，如表 5-1 所示。

**表 5-1　常见焊点缺陷分析**

| 序号 | 缺陷类型 | 缺　陷　分　析 | 缺　陷　图　示 |
|------|----------|----------------|----------------|
| 1 | 焊料过多 | 从外观看，焊料过多的焊料面呈蒙古包形。这种焊点既容易造成短路，又浪费焊料，造成此种缺陷的主要原因是焊丝撤离过迟 | 焊料过多 |
| 2 | 焊料过少 | 其特点是焊料未形成平滑面，其危害是机械强度不够且容易造成假焊，产生的主要原因是焊丝撤离过早 | 焊料过少 |
| 3 | 桥接 | 相邻导线连接的情况非常容易造成电气短路。这主要是焊锡过多或电烙铁撤离方向不当所引起的 | 桥接 |
| 4 | 不对称 | 焊锡没流满焊盘会导致不对称，最大的害处是机械强度不足。产生的原因是：焊料流动性不好，助焊剂不足或质量差，加热不足等 | 不对称 |
| 5 | 拉尖 | 出现尖端，外观不佳，容易造成桥接现象。其原因是助焊剂少，加热时间过长，电烙铁撤离角度不对等 | 拉尖 |

| 序号 | 缺陷类型 | 缺陷分析 | 缺陷图示 |
|---|---|---|---|
| 6 | 表面粗糙 | 表面粗糙为过热所致,焊点表面发白,无金属光泽,表面粗糙焊盘容易剥落且强度降低。其原因是电烙铁功率过大或加热时间过长等 | 表面粗糙 |
| 7 | 冷焊 | 表面呈豆腐渣状颗粒,有时伴有裂纹。这种焊点强度低、导电性不好。产生冷焊点的原因是在焊料未凝固前,焊件抖动或电烙铁功率偏小 | 冷焊 |
| 8 | 浸润不良 | 焊料与焊件交界面接触角过大,不平滑,使焊盘温度低,造成电路不通或时通时断。避免的方法是去净焊件氧化层并清洗干净;助焊剂的质量要好,且助焊剂要充足;焊件要充分加热 | 浸润不良 |
| 9 | 松动 | 完成焊接后,导线或元器件引线可挪动,这种现象会造成假焊,在通电时电路导通不良或不导通。产生的原因是焊锡未凝固前引线移动造成空隙,焊件引线未处理好(浸润差或不浸润) | 松动 |
| 10 | 松香焊 | 焊缝中夹有松香渣的情况容易引起焊接强度不足,导通不良,有可能时通时断。其原因是助焊剂过多或已失效;焊接时间不足,加热不够等 | 松香焊 |
| 11 | 浮焊 | 焊点剥落,浮在焊盘上(不是铜箔剥落,是焊锡与焊盘没有焊接上)。浮焊现象产生剥离,最容易引起断路,其原因是焊盘镀层不牢 | 浮焊 |
| 12 | 气泡 | 引线根部有喷火式焊料隆起,内部藏有空洞。这种现象暂时可导通,但时间久了容易引起导通不良 | 气泡 |
| 13 | 针孔 | 目测或低倍放大镜可见有针孔。这样的焊点强度不足,焊点容易腐蚀,主要是焊盘孔与引线间隙太大或是焊料不足所致 | 针孔 |

**2. 元器件的引线成形工艺**

元器件在安装前,应根据安装位置的特点及工艺要求,预先将元器件的引线加工成一定的形状。成形后的元器件既便于装配,又有利于提高装配元器件安装后的防震性能,保证电子设备的可靠性。

由于手工、自动两种不同焊接技术对元器件的插装要求不同,元器件引出线成形的形状有两种类型,即手工焊接形状和自动焊接形状。手工焊接元器件成形的工艺要求如下。

(1)引线成形后,引线弯曲部分不允许出现模印、压痕和裂纹。

(2)引线成形过程中,元器件本体不应产生破裂,表面封装不应损坏或开裂。

(3)引线成形尺寸应符合安装尺寸要求。

（4）凡是有标记的元器件，引线成形后，其型号、规格、标志符号应向上、向外，方向一致，以便于目视识别，如图 5-10 所示。

（5）元器件引线弯曲处应有圆弧形，其半径 $r$ 不得小于引线直径的 2 倍。

（6）元器件引线弯曲处离元器件封装根部至少为 2 mm 左右。

(a)元器件引线弯曲成形　　　　　　　(b)元器件成形及标记位置

**图 5-10　元器件引线成形**

1）轴向引线型元器件的引线成形加工

轴向引线型元器件有电阻、二极管、稳压二极管等，它们的安装方式一般有两种，如图 5-11 所示。一种是水平安装，另一种是立式安装。具体采用何种安装方式，可视电路板空间和安装位置大小来选择。

**图 5-11　轴向引线元器件的安装图**

（1）水平安装引线加工方法。

① 一般用镊子（或尖嘴钳）在离元器件封装点 2～3 mm 处夹住其某一引脚。

② 再适当用力将元器件引脚弯成一定的弧度，如图 5-12 所示。

③ 用同样的方法对该元器件另一引脚进行加工成形。

④ 引线的尺寸应根据印制板上具体的安装孔距来确定，并且一般两根引线的尺寸要一致。

**图 5-12　水平安装引线加工示意图**

> **注意：**弯折引脚时不应采用直角弯折，且注意用力要均匀，尤其要防止玻璃封装的二极管壳体破裂，从而造成二极管报废。

（2）立式安装引线加工方法。

可以采用合适的螺丝刀或镊子在元器件的某引脚(一般选元器件有标记端)离元器件封装点 3～4 mm 处将该引线弯成半圆状,如图 5-13 所示。实际引线的尺寸要视印制电路板上的安装位置孔距来确定。

图 5-13　立式元器件成形示意图

2) 径向引线型元器件的引线成形加工

常见的径向引线型元器件有各种电容、发光二极管、光电二极管以及各种三极管等。

(1) 电解电容引线的成形加工方法。

① 立式电容器引线的加工方法是用镊子先将电容器的引线在离开电容器主体 4～5 mm 处弯成直角,如图 5-14 所示。但在印制电路板上的安装要根据印制电路板孔距和安装空间的需要来确定成形尺寸。

图 5-14　电解电容插装方式

② 卧式电容引线的加工方法是用镊子分别将电解电容的两个引线在离开电容主体 3～5 mm 处弯成直角,如图 5-14 所示。但在印制电路板上的安装要根据印制板孔距和安装空间的需要确定成形尺寸。

(2) 瓷片电容器和涤纶电容器的引线成形加工方法。

用镊子将电容器引线向外整形,并与电容器主体成一定角度。也可以用镊子将电容器的引线离电容主体 1～3 mm 处向外弯成直角,再在离直角处 1～3 mm 处再弯成直角。在印制电路板上安装时,需视印制电路板孔距大小确定引线尺寸。

(3) 三极管的引线成形加工方法。

小功率三极管在印制电路板上一般采用直插的方式安装,如图 5-15 所示。

这时,三极管的引线成形只需用镊子将塑料封管引线拉直即可,3 个电极引线分别成一定角度。有时也可以根据需要将中间引线向前或向后弯曲成一定角度。具体情况视印制电路板上的安装孔距来确定引线的尺寸。

在某些情况下,若三极管需要按图 5-16 所示进行安装,则必须对引脚进行弯折。

这时要用钳子夹住三极管引脚的根部,然后再适当用力弯折,如图 5-17(a)所示。而不应如图 5-17 (b)所示那样直接将引脚从根部弯折。弯折时,可以用螺丝刀将三极管引线弯成一定圆弧状。

图 5-15　小功率三极管的直插安装

图 5-16　三极管的倒装与横装

(a)　　　　　　　(b)　　　　　　　(c)　　　　　　　(d)

图 5-17　三极管引脚弯折方法

**3. 元器件的插装与焊接**

元器件的插装主要有贴板插装和悬空插装两种,如图 5-18 所示。

(a) 贴板插装　　　　　　　　　　(b) 悬空插装

图 5-18　元器件插装形式

贴板插装稳定性好,插装整齐,简单方便,但不利于元器件散热。

悬空插装有利于散热,但插装时需要控制一定高度,难以保持美观一致。悬空高度一般取 2～6 mm。到底采用哪种插装方式,应根据实际需要确定。一般而言,只要不是特殊要求,位置允许,采用贴板插装较为方便。

元器件在印制电路板上的焊接如图 5-19 所示。

一般来说,元器件引线的焊接应选用20～35 W 的电烙铁,其电烙铁头选用尖锥形,这种电烙铁头适用于焊密集焊点。加热时,电烙铁头应同时接触印制电路板上的铜箔和元器件引线及焊锡丝,对较大的焊盘(即直径大于 5 mm 的焊盘),焊接时可移动电烙铁(即电烙铁

(a) 电烙铁对焊点加热　　　　(b) 辅助散热示意图

图 5-19　元器件在印制电路板上的焊接

绕焊盘转动以免长时间停留导致局部过热）。耐热性差的元器件应使用工具辅助散热。

在电子产品的生产工艺中，必须重视导线的焊接。导线的种类繁多，包括：单股导线（或称硬导线），漆包线就属于这类导线；多股导线，绝缘层内有多根导线，也称多股线或软线；排线，也称扁平线，这类线在计算机中使用得非常多。常见的导线如图 5-20 所示。

图 5-20　常用的导线

（1）导线焊前处理。无论什么样的导线施焊前都必须剥去末端绝缘层，剥去绝缘层的多少应根据焊接的长短而定，一般的连线剥去 2～3 mm，多股线的绝缘层剥去后，还必须把裸露的线紧密绞合。剥去绝缘层后，一定要先镀锡，再焊接，否则焊接不牢，容易出现焊接故障。

（2）导线焊接主要有绕焊连接、钩焊连接和搭焊连接等几种。绕焊连接在焊接前先把镀好锡的导线端头在需要连接的物体端头绕一圈，用钳子拉紧缠牢，两个被焊物体的表面要贴紧，然后进行施焊。钩焊连接将镀好锡的导线端头弯成钩状，钩在被焊物体的合适位置并用钳子夹紧后施焊。搭焊连接在搭焊导线时，需预先将搭焊导线的两端进行焊前处理并镀上锡，然后将镀好锡的导线搭在被焊物体上，即右手拿电烙铁施于被放导线的物体上，左手将预制好的导线合理地搭在合适的位置，等到导线和被焊物体上的焊锡均熔化后，方可撤离电烙铁，拿导线的左手不要抖动，等到焊锡凝固后才可松开。导线与片状端子的焊接如图 5-21 所示。

### 4. 焊后处理

焊后处理主要包括以下两点。

(a) 绕焊连接　　　　　(b) 钩焊连接　　　　　(c) 搭焊连接

图 5-21　导线与片状端子的焊接

（1）剪去元器件上的多余引线，避免多余引线倒折造成短路。注意防止多余的引线扎手，不要对焊点施加剪切力以外的其他力。

（2）检查印制电路板上所有元器件引线的焊点，修补焊点缺陷。

### 5.2.2　SMD/SMC 手工焊接技术

当印制板上含有贴片类元器件且采用手工焊接的方式时，常用的方法有点焊法、拖焊法、梳锡法等三种方法。不论何种方法，焊接时都要准备需要的工具、材料，焊接技术要达到预期要求，要遵守必需的步骤。下面先介绍 SMD/SMC 手工焊接必要的知识点，再以三个实例来讲解三种焊接方法。

**1. 焊接基本要求**

1）工具及材料

准备好必要的焊接材料与工具，15～20 W 电烙铁、锥形尖头电烙铁头、镊子、焊锡丝、高温海绵、毛刷、清洗剂等。

2）焊接要点

当印制板上面同时含有贴片类元器件和插件类元器件时，应该先焊接贴片类元器件，再焊接其他接插类元器件。

焊接贴片类元器件时一定要注意器件的方向和极性。

焊接贴片类元器件时应遵循：由低到高、先易后难原则，通常先焊接贴片集成类器件，再焊接贴片三极管、电阻、电容类元器件。

不同外形的贴片类元器件有不同的焊接要求，下面列举几类常见元器件的焊接要求。

（1）矩形元器件。

理想末端焊点宽度等于元器件末端可焊宽度或焊盘宽度，元器件可焊部分与焊盘重叠的 $J$ 部分，如图 5-22 所示。

（2）柱形元器件。

理想末端焊点等于或大于元器件直径 $W$ 或焊盘宽度 $P$，侧面焊点长度 $D$ 等于元件可焊端长度 $T$ 或焊盘长度 $S$，如图 5-23 所示。

（3）三极管类。

三个管脚应处于焊盘的中心位置，三极管的引脚超出焊点的部分须小于或等于引脚宽度的 1/2，若大于 1/2 则不合格，如图 5-24 所示。

图 5-22　矩形器件焊接要点

图 5-23　柱形器件焊接要点

图 5-24　三极管类三个管脚的焊接要点

（4）集成类。

引脚的正面、侧面吃锡良好；引脚与焊点间呈现弧面焊锡带；引脚的轮廓清晰可见；焊锡需盖至引脚厚度的 1/2 或 0.3 mm 以上，如图 5-25 所示。

图 5-25　集成芯片的引脚焊接要点

3）注意事项

焊接前要用干净的高温海绵将电烙铁擦净，检查电烙铁头是否完好，否则应先更换电烙铁头。

电烙铁温度不能过高，应在 290 ℃左右。否则将引起足迹铜箔剥离基板。

电烙铁头接触元器件的时间不能超过 5 秒，否则容易使元器件的温度过高而损坏。

焊接完毕后，用毛刷蘸清洗剂清理印制板，清除板上焊渣等杂物。检查焊点是否牢固，有无虚焊现象。

拆卸下来的元器件不能再使用,拆卸时加热中的高温已使其特性恶化,重新使用后极易发生故障。

**2. 常用焊接方法**

1)点焊法

对于引脚较少的贴片元器件通常采用点焊法。

第一步:给待焊元器件的一个焊盘上锡,如图 5-26 所示。

图 5-26　给待焊元器件的一个焊盘上锡

第二步:用镊子夹住待焊元器件靠近已上锡的焊点,用电烙铁加热该点,待焊锡熔化,将待焊器件推进焊盘,如图 5-27 所示。

图 5-27　焊接贴片元器件其中一个脚

第三步:移开电烙铁。

第四步:待焊锡凝固后松开镊子。

第五步:待贴片元器件一端固定后,再焊接其他引脚,如图 5-28 所示。

图 5-28　焊接其他引脚

2）拖焊法

进行贴片 IC 器件焊接时，比较有效的方式是拖焊。如果熟悉了拖焊，你基本可以使用一把电烙铁和松香完成所有贴片 IC 的焊接。

焊接时最好使用斜口的扁头烙铁，考虑到以后实际焊接有防静电的要求，建议使用热风焊台。

下面我们以一个焊接 IC 的实例来演示拖焊法。

第一步：对位。对位是关键，将器件管脚准确与焊盘中心对齐，如图 5-29 所示。

图 5-29　IC 引脚准确对位

第二步：固定。电烙铁头加锡，焊接 IC 的一个脚来固定 IC，焊接时注意避免 IC 芯片挪位，如图 5-30 所示。

图 5-30　焊接 IC 的一个脚来固定 IC

第三步：加固。确认对位准确后在 IC 的对称处加锡，然后进一步确认对位是否准确，如图 5-31 所示。

图 5-31　IC 四周加锡固定

第四步：当位置准确无误后，在 IC 的四角部位均匀加适量锡，准备进入拖焊关键环节，如图 5-32、图 5-33 所示。

图 5-32　在 IC 一边的头部均匀的上锡

图 5-33　四角全部上好锡的效果

　　第五步:拖焊。这步是重点,把 PCB 斜放 45°,将电烙铁头擦干净,再把电烙铁头放入松香中,如图 5-34 所示。然后把粘有松香的烙铁头迅速放到斜着的 PCB 上 IC 头部的焊锡部分,如图 5-35 所示。待焊锡熔化,均匀拖动电烙铁,如图 5-36 所示,重复几次即可完成一面的焊接。如果在拖焊的过程中焊锡过多可将电烙铁再次浸入松香,然后在海绵上擦干净,重复上述动作直至达到如图 5-37 所示的效果。

图 5-34　甩掉电烙铁头部多余的焊锡,把烙铁头放入松香中

图35　把粘有松香的电烙铁头迅速放到斜着的 PCB 上 IC 头部的焊锡部分

图 5-36　拖焊,熔化焊锡后均匀慢拖

图 5-37　一面焊接好的效果

第六步：重复上述步骤，完成其余三面的焊接。

第七步：清洗。焊接完成后，表面残留了很多松香，可以用酒精来清洗，如图 5-38 所示。

图 5-38 用酒精清洗残留的松香

3）梳锡法

利用拖焊法进行 IC 的焊接已经非常的方便，不过实际操作中常用的更厉害的 IC 焊接方法——梳锡法，下面以 CS5460 芯片的焊接为例来讲解这种焊接法。

第一步：材料准备。用吸锡线或手动制作梳锡线，一般采用多股导线来制作，如图 5-39 所示。把裸露部分剪平，末端压扁，上锡，浸松香和加锡成为"梳锡线"，如图 5-40 所示。

图 5-39 选取一段多股裸线

图 5-40 制作梳锡线

第二步：把 IC 对称的 2 个脚准确焊接固定在 PCB 上后，在管脚处涂松香水或焊锡膏，如图 5-41 所示。

图 5-41 把 IC 固定在 PCB 上后，在管脚处涂松香水或焊锡膏

第三步:电烙铁压在待焊处加热锡梳,待锡熔化,锡梳顺着 IC 引脚做梳理的动作,如图 5-42 所示。

图 5-42　电烙铁加热锡梳,锡梳顺着 IC 脚做梳理的动作

第四步:重复以上步骤,完成所有引脚的焊接。

在焊接比较长且引脚较多的 IC 时,可以把几段多股裸线并起来做成一个更大的锡梳,这样一梳下去就可以焊接很多引脚了。锡梳的妙处在于:可以把没锡的地方焊上而把多余的焊锡带走,这样就可以尽量避免出现"贯连"的问题,对于焊接密集封装的芯片来说更加方便。

前面介绍了三种焊接方法,不论哪种方法都要不断练习,方能达到预期的效果。在练习的过程中,肯定会有很多问题,不要气馁,需要不断总结,多向老师请教。

### 5.2.3　拆焊技术

拆焊又称解焊。在调试、维修或焊错的情况下,常常需要将已焊接的连线或元器件拆卸下来,这个过程就是拆焊,它是焊接技术的一个重要组成部分。在实际操作中,拆焊要比焊接更困难,更需要使用恰当的方法和工具。如果拆焊不当,便很容易损坏元器件,或者使铜箔脱落而破坏印制电路板。因此,拆焊技术也是应该熟练掌握的一项基本操作技能。

常用的拆焊工具有电烙铁、空心针管、吸锡器、镊子、吸锡绳等,在前面第 3 章中已经介绍过,在此不再累述。

#### 1. 拆焊技术的操作要领

1)严格控制加热的时间与温度

一般元器件及导线绝缘层的耐热较差,受热易损元器件对温度更是十分敏感。在拆焊时,如果时间过长、温度过高则会烫坏元器件,甚至会使印制电路板的焊盘翘起或脱落,进而给继续装配造成很多麻烦。因此,一定要严格控制加热的时间与温度。

2)拆焊时不要用力过猛

塑料密封器件、瓷器件和玻璃端子等在加温情况下,强度都有所降低,拆焊时用力过猛会引起器件和引线脱离或铜箔与印制电路板脱离。

3)不要强行拆焊

不要用电烙铁去撬动或晃动接点,不允许用拉动、摇动或扭动等办法来强行拆除焊接点。

#### 2. 用镊子进行拆焊

在没有专用拆焊工具的情况下,可用镊子进行拆焊。因其方法简单,故为印制电路板上元器件拆焊常采用的拆焊方法。由于焊点的形式不同,其拆焊的方法也不同。

对于印制电路板中引线之间焊点距离较大的元器件,拆焊时相对容易,一般采用分点拆焊的方法,如图 5-43 所示。操作过程如下。

(1)首先固定印制电路板,同时用镊子从元器件面夹住被拆元器件的一根引线。

(2)用电烙铁对被夹引线上的焊点进行加热,以熔化该焊点的焊锡。

(3) 待焊点上的焊锡全部熔化,将被夹的元器件引线轻轻从焊盘孔中拉出。

(4) 然后用同样的方法拆焊被拆元器件的另一根引线。

(5) 用电烙铁头清除焊盘上多余的焊料。

当焊锡被熔化时,
用镊子轻轻拉出

**图 5-43　分点拆焊示意图**

对于拆焊印制电路板中引线之间焊点距离较小的元器件,如三极管等,拆焊时有一定的难度,多采用集中拆焊的方法,如图 5-44 所示。其操作过程如下。

(1) 首先固定印制电路板,同时用镊子从元器件一侧夹住被拆焊元器件。

(2) 用电烙铁对被拆元器件的各个焊点快速交替加热,以同时熔化各焊点的焊锡。

(3) 待焊点上的焊锡全部熔化,将被夹的元器件引线轻轻从焊盘孔中拉出。

(4) 用电烙铁头清除焊盘上多余的焊料。

对各个焊
点快速交
替加热

**图 5-44　集中拆焊示意图**

**注意:** ① 此办法加热要迅速,注意力要集中,动作要快。

② 如果焊接点引线是弯曲的,要逐点间断加温,先吸取焊接上的焊锡,露出引脚轮廓,并将引线拉直后再拆除元器件。

当拆卸引脚较多、较集中的元器件时(如天线线圈、振荡线圈等),采用同时加热的方法比较有效。其操作过程如下。

(1) 用较多的焊锡将被拆元器件的所有焊点连在一起。

(2) 用镊子钳夹住被拆元器件。

(3) 用内热式电烙铁头,对被拆焊点连续加热,使被拆焊点同时熔化。

(4) 待焊锡全部熔化后,同时将元器件从焊盘孔中轻轻拉出。

(5) 清理焊盘,用一根不沾锡的 $\phi 3$ 的钢针从焊盘面插入孔中,如焊锡封住焊孔,则需用电烙铁熔化焊点。

### 3. 用吸锡工具进行拆焊

1）用专用吸锡烙铁进行拆焊

对于焊锡较多的焊点，可采用吸锡电烙铁去锡脱焊。拆焊时，吸锡电烙铁的加热和吸锡同时进行，其操作如下。

（1）吸锡时，根据元器件引线的粗细选用锡嘴的大小。

（2）吸锡电烙铁铁通电加热后，将活塞柄推下卡住。

（3）锡嘴垂直对准吸焊点，待焊点焊锡熔化后，再按下吸锡烙铁的控制按钮，焊锡即被吸进吸锡烙铁中。反复几次，直至元器件从焊点中脱离。

2）用吸锡器进行拆焊

吸锡器是专门用于拆焊的工具，装有一种小型手动空气泵，如图 5-45 所示。其拆焊过程如下。

（1）将吸锡器的吸锡压杆压下。

（2）用电烙铁将需要拆焊的焊点熔融。

（3）将吸锡器吸锡嘴套入需拆焊的元件引脚，并没入熔融焊锡中。

（4）按下吸锡按钮，吸锡压杆在弹簧的作用下迅速复原，完成吸锡动作。如果一次吸不干净，可以多吸几次，直到焊盘上的锡被吸净，而使元器件引脚与铜箔脱离。

图 5-45　吸锡器拆焊示意图

3）用吸锡带进行拆焊

吸锡带是一种通过毛细吸收作用吸取焊料的细铜丝编织带，使用吸锡带去锡，操作简单，效果较佳，如图 5-46 所示。其拆焊操作方法如下。

（1）将铜编织带（专用吸锡带）放在被拆焊的焊点上。

（2）用电烙铁对吸锡带和被焊点进行加热。

（3）一旦焊料熔化时，焊点上的焊锡逐渐熔化并被吸锡带吸去。

（4）如果被拆焊点没有完全吸除，可重复进行操作。每次拆焊时间为 2～3 s。

图 5-46　吸锡带拆焊示意图

注意:① 被拆焊点的加热时间不能过长。当焊料熔化时,及时将元器件引线按与印制电路板垂直的方向拨出。

② 尚有焊点没有被熔化的元器件,不能强行用力拉动、摇晃和扭转,以免造成元器件或焊盘的损坏。

③ 拆焊完毕,必须把焊盘孔内的焊料清除干净。

#### 4. 利用热风焊台拆焊

热风焊台(俗称热风枪)如图 5-47 所示,它主要用于拆焊多脚的贴片元件,也可以用于焊接。热风焊台吹出热风的温度,可达 400~500 ℃,足以熔化焊锡。热风焊台主要由气泵、气流稳定器、线性电路板、手柄、外壳等基本组件构成。其主要作用是拆焊小型贴片元件和贴片集成电路。如果使用不当,会将电路板其他焊点吹掉,或者损坏塑料排线座,甚至出现短路现象。限于篇幅,本书只介绍一个手机小元件的拆卸的例子。

图 5-47　热风焊台

在用热风焊台拆卸小元件之前,一定要将手机线路板上的备用电池拆下,特别是备用电池离所拆元件较近时。将线路板固定在手机维修平台上,打开带灯放大镜,仔细观察要拆卸的小元件的位置。用小刷子将小元件周围的杂质清理干净,往小元件上加注少许松香水。安装好热风焊台的细嘴喷头,打开热风焊台电源开关,调节热风焊台温度开关为 2~3 挡(280~300 ℃,对于无铅芯片,热风焊台温度为 310~320 ℃),调节风速开关为 1~2 挡。一只手用手指钳夹住小元件,另一只手拿稳热风焊台手柄,使喷头与要拆卸的小元件保持垂直,距离为 2 cm 左右,沿小元件上均匀加热,喷头不可接触小元件。待小元件周围焊锡熔化后用手指钳将小元件取下。

#### 5. 各类焊点的拆焊方法和注意事项

各类焊点的拆焊方法和注意事项如表 5-2 所示。

表 5-2　各类焊点的拆焊方法和注意事项

| 焊点类型 | 拆焊方法 | 注意事项 |
| --- | --- | --- |
| 引线焊点拆焊 | 首先用电烙铁头去掉焊锡,然后用镊子撬起引线并抽出。如果引线是用缠绕的焊接方法焊接的,则要将引线用工具拉直后再抽出 | 撬、拉引线时不要用力过猛,也不要用电烙铁头乱撬,要先弄清引线的方向 |
| 引脚不多的元器件的焊点拆焊 | 采用分点拆焊法,用电烙铁直接进行拆焊。一边用电烙铁对焊点加热至焊锡熔化,一边用镊子夹住元器件的引线,轻轻地将其拉出来 | 这种方法不宜在同一焊点上多次使用,因为印制电路板上的铜箔经过多次加热后很容易与绝缘板脱离而造成电路板的损坏 |

| 焊点类型 | 拆焊方法 | 注意事项 |
|---|---|---|
| 有塑料骨架的元器件的拆焊 | 因为这些元器件的骨架不耐高温，所以可以采用间接加热拆焊法。拆焊时，先用电烙铁加热除去焊接点焊锡，露出引线的轮廓，再用镊子或捅针挑开焊盘与引线间的残留焊锡，最后用电烙铁头对已挑开的个别焊点加热，待焊锡熔化时，迅速拔下元器件 | 不可长时间对焊点加热，防止塑料骨架变形 |
| 焊点密集的元器件的拆焊 采用空心针管 | 使用电烙铁除去焊接点焊锡，露出引脚的轮廓。选用直径合适的空心针管，将针孔对准焊盘上的引脚。待电烙铁将焊锡熔化后迅速将针管插入电路板的焊孔并左右旋转，这样元器件的引线便和焊盘分开了。<br>优点：引脚和焊点分离彻底，拆焊速度快。很适合体积较大的元器件和引脚密集的元器件的拆焊。<br>缺点：不适合如双联电容器引脚呈扁片状元器件的拆焊；不适合像导线这样不规则引脚的拆焊 | ① 选用针管的直径要合适。直径小于引脚插不进；直径大了，在旋转时很容易使焊点的铜箔和电路板分离而损坏电路板；<br>② 在拆焊中周、集成电路等引脚密集的元器件时，应首先使用电烙铁除去焊接点焊锡，露出引脚的轮廓。以免连续拆焊过程中残留焊锡过多而对其他引脚拆焊造成影响；<br>③ 拆焊后若有焊锡将引线插孔封住可用铜针将其捅开 |
| 焊点密集的元器件的拆焊 采用吸锡电烙铁 | 它具有焊接和吸锡的双重功能。在使用时，只要把电烙铁头靠近焊点，待焊点熔化后按下按钮，即可把熔化的焊锡吸入储锡盒内 | |
| 焊点密集的元器件的拆焊 采用吸锡器 | 吸锡器本身不具备加热功能，它需要与电烙铁配合使用。拆焊时先用电烙铁对焊点进行加热，待焊锡熔化后撤去电烙铁，再用吸锡器将焊点上的焊锡吸除 | 撤去电烙铁后，吸锡器要迅速地移至焊点吸锡，避免焊点再次凝固而导致吸锡困难 |
| 焊点密集的元器件的拆焊 采用吸锡绳 | 使用电烙铁除去焊接点焊锡，露出导线的轮廓。将在松香中浸过的吸锡绳贴在待拆焊点上，用电烙铁头加热吸锡绳，通过吸锡绳将热量传导给焊点熔化焊锡，待焊点上的焊锡熔化并吸附在锡绳上，抽起吸锡绳。如此重复几次即可把焊锡吸完。此方法在高密度焊点拆焊点拆焊操作中具有明显优势 | 吸锡绳可以自制，方法是将多股胶质电线去皮后拧成绳状（不宜拧得太紧），再加热吸附上松香助焊剂即可 |

## 5.3 波峰焊技术

波峰焊接（wave soldering）技术主要用于传统通孔插装印制电路板的组装工艺，以及表面组装与通孔插装元器件的混装工艺，波峰焊接技术是由最早的浸焊技术发展而来的。

### 5.3.1 浸焊技术

浸焊就是利用锡炉把大量的锡煮熔，将焊接面浸入，使焊点上锡。插件工艺及 SMT 红胶面都需用到此技术。浸焊是将插装好元器件的 PCB 板在熔化的锡炉内浸锡，一次完成众多焊点焊接的方法。

**1. 手工浸焊**

手工浸焊是由人手持夹具夹住插装好的PCB,人工完成浸锡的方法,其操作过程如下。

(1) 加热使锡炉中的锡温控制在250 ℃左右。

(2) 在PCB板上涂一层(或浸一层)助焊剂。

(3) 用夹具夹住PCB浸入锡炉中,使焊盘表面与PCB板接触,浸锡厚度以PCB厚度的1/2～2/3为宜,浸锡的时间为3～5 s。

(4) 以PCB板与锡面成5～10 ℃的角度使PCB离开锡面,略微冷却后检查焊接质量。如果有较多的焊点未焊好,要重复浸锡一次,对只有个别不良焊点的板,可用手工补焊。注意经常刮去锡炉表面的锡渣,保持良好的焊接状态,以免因锡渣的产生而影响PCB的干净度及清洗问题。

手工浸焊的特点为:设备简单、投入少,但效率低,焊接质量与操作人员熟练程度有关,易出现漏焊,焊接有贴片的PCB板时难以取得良好的效果。

**2. 机器浸焊**

机器浸焊是用机器代替手工夹具夹住插装好的PCB进行浸焊的方法。当所焊接的电路板面积大,元件多,无法靠手工夹具夹住浸焊时,可采用机器浸焊。

机器浸焊的过程为:线路板在浸焊机内运行至锡炉上方时,锡炉作上下运动或PCB作上下运动,使PCB浸入锡炉焊料内,浸入深度为PCB厚度的1/2～2/3,浸锡时间为3～5 s,然后PCB离开浸锡位并移出浸锡机,完成焊接。该方法主要用于电视机主板等面积较大的电路板焊接,以此代替高波峰机,减少锡渣量,并且板面受热均匀,变形相对较小。

**3. 手浸型锡炉**

手浸型锡炉在使用过程中,如果不注意保养或错误操作易造成冷焊、短路、假焊等各种问题。在此就手浸型锡炉常见问题及相应对策简述如下。

(1) 助焊剂的正确使用。助焊剂质量的好坏往往会直接影响焊接质量。另外,助焊剂的活性与浓度对焊接也会产生一定的影响。倘若助焊剂的活性太强或浓度太高,不但造成了助焊剂的浪费,在PCB板第一次过锡时,会造成零件脚上焊锡残留过多,同样会造成焊锡的浪费。若助焊剂调配的太稀,会造成机板吃锡不好及焊接不良等情况产生。调配助焊剂时,一般先用助焊剂原样去试,然后逐步添加稀释剂,直至再添加稀释剂焊接效果会变差时,再稍稍添加稀释剂,然后再试直至效果最好时为止,这时用比重计测其比重,以后调配时可把握此值即可;另外,助焊剂在刚倒入助焊槽使用时,可不添加稀释剂,待工作一段时间其浓度略为升高时,再添加稀释剂调配。在工作过程中,因助焊剂往往离锡炉较近,易造成助焊剂中稀释剂的挥发,使助焊剂的浓度升高。所以应经常测量助焊剂的比重,并适时添加稀释剂调配。

(2) PCB板浸入助焊剂的地方不可太多,尽量避免PCB板板面触及助焊剂。正常操作应是:助焊剂浸及零件脚的2/3左右即可。因为助焊剂的比重比焊锡小许多,所以元器件引脚浸入锡液时,助焊剂会顺着元器件引脚往上浸润,直至PCB板面。如果浸及助焊剂过多,不但会造成锡液上助焊剂会有残留污垢影响锡液的质量,而且会造成PCB板正反面都有大量助焊剂残留。如果助焊剂的抗阻性能不够或遇潮湿环境极易造成导电现象时,还会影响产品质量。

(3) 浸锡时应注意操作姿势。尽量避免将PCB板垂直浸入锡液,当PCB板垂直浸入锡面时,易造成"浮件"产生。另外容易产生"锡爆"(轻微时会有"扑""扑"的声音,严重的会有锡液溅起,其主要原因是 PCB 板浸锡前未经预热。当 PCB 板上有较为密集的元器件时,会有冷空气遇热迅速膨胀,从而产生锡爆现象)。正确的操作应是将 PCB 板与锡液表面呈 30°斜角浸入,当 PCB 板与锡液接触时,慢慢向前推动 PCB 板,使 PCB 板与液面呈垂直状态,然后以 30°角拉起。

(4)手动型锡炉属静态锡炉,因为锡铅的比重不同。长时间的液态静置会使锡铅分离,影响焊接效果。所以建议用户在使用过程中应经常搅动锡液(每两个小时左右搅动一次即可)。这样会使锡铅合金充分融合,保证焊接效果。

另外,在大量添加锡条时,锡液的局部温度会下降,应暂停工作,等锡炉温度恢复正常后开始工作。最好能有温度计直接测量锡液的温度,因为有些锡炉长期使用后已逐渐老化。

### 5.3.2 波峰焊接技术

#### 1. 波峰焊接基本原理

波峰焊接是应用最普遍的焊接印制电路板的工艺方法,适用于成批、大量的焊接一面装有分立元件和集成电路的印制电路板。与手工焊接相比,波峰焊接具有生产效率高、焊接质量好、可靠性高等优点。

波峰焊接技术是由最早的热浸焊接技术发展而来的,二者最主要的区别在于设备的焊锡槽。热浸焊接是把整块插好电子元器件的 PCB 与焊料面平行地浸入熔融焊料缸中,使元器件引线、PCB 铜箔进行焊接的流动焊接方法。波峰焊接是利用焊锡槽内的机械式或电磁式离心泵,将熔融焊料压向喷嘴,形成一股向上平稳喷涌的焊料波峰,并源源不断地从喷嘴中溢出。装有元器件的印制电路板以直线平面运动的方式通过焊料波峰,在焊接面上形成浸润焊点而完成焊接。波峰焊接技术的原理图如图 5-48 所示。

**图 5-48    波峰焊接技术原理图**

波峰焊接工艺的基本流程如下图 5-49 所示,包括炉前检验、喷涂助焊剂、预加热、波峰焊锡、冷却、板底检查等工艺。

**图 5-49    波峰焊接工艺基本流程**

#### 2. 波峰焊技术分类

波峰焊接技术根据其不同的实现原理,又可分为单波峰焊、斜坡波峰焊、高波峰焊、双波峰焊等技术。

1）单波峰焊

单波峰焊是借助焊料泵把熔融状焊料不断垂直向上地朝狭长出口涌出,形成 20～40 mm 高的波峰。这样可使焊料以一定的速度与压力作用于 PCB 上,充分渗透入待焊接的元器件引线与电路板之间,使之完全湿润并进行焊接,如图 5-50 所示。它与热浸焊接相比,可以明显减少漏焊的比例。由于焊料波峰的柔性,即使 PCB 不够平整,只要翘曲度在 3‰ 以下,仍可得到良好的焊接质量。

2）斜坡波峰焊

这种波峰焊接机和一般波峰焊机的区别,在于传送导轨以一定角度的斜坡方式安装,如图 5-51 所示。这样的好处是,增加了电路板焊接面与焊锡波峰接触的长度。假如电路板以同样速度通过波峰,等效增加了焊点浸润的时间,从而可以提高传送导轨的运行速度和焊接效率;不仅有利于焊点内的助焊剂挥发,避免形成夹气焊点,还能让多余的焊锡流下来。

图 5-50　单波峰焊原理　　　　　图 5-51　斜坡波峰焊原理

3）高波峰焊

高波峰焊机适用于 THT 元器件"长脚插焊"工艺,它的焊锡槽及其锡波喷嘴如图 5-52 所示。其特点是,焊料离心泵的功率比较大,从喷嘴中喷出的锡波高度比较高,并且其高度 $h$ 可以调节,保证元器件的引脚从锡波里顺利通过。一般地,在高波峰焊接机的后面配置剪腿机,用来剪短元器件的引脚。

图 5-52　高波峰焊原理

4）双波峰焊

双波峰焊机是 SMT 时代发展起来的改进型波峰焊设备,特别适合焊接那些 THT＋SMT 混合元器件的电路板。双波峰焊机的焊料波形如图 5-53 所示,使用这种设备焊接印制电路板时,THT 元器件要采用"短脚插焊"工艺。电路板的焊接面要经过两个熔融的铅锡焊料形成的波峰,这两个焊料波峰的形式不同,最常见的波形组合是"紊乱波"＋"宽平波"。

第一个焊料波是紊乱波,使焊料打到印制板的底面所有的焊盘、元器件焊端和引脚上,熔融的焊料在经过助焊剂净化的金属表面上进行浸润和扩散。然后印制板的底面通过第二

素乱波 宽平波

扩展器

熔融焊料

图 5-53 双波峰焊原理

个熔融的焊料波,第二个焊料波是宽平波,宽平波将引脚及焊端之间的连桥分开,并将去除拉尖等焊接缺陷。

"空心波"+"宽平波"的波形组合也比较常见。焊料溶液的温度、波峰的高度和形状、电路板通过波峰的时间和速度这些工艺参数,都可以通过计算机伺服控制系统进行调整。

 ## 5.4 表面贴装技术 SMT

### 5.4.1 表面贴装技术 SMT 概述

**1. SMT 的定义**

SMT 是 surface mount technology 的缩写,译为表面贴装技术。表面贴装技术是将芯片贴装在基板表面进行焊接的一种电子组装技术。

在这个 SMT 的定义中出现了若干用语,下面对这些用语在本书中的含义进行解释。

(1) 芯片(chip)就是电子元器件,是组成各种电路的基本元素,常用的有片式电阻、片式电容、片式二极管、片式三极管、片式集成电路以及连接器等。

(2) 基板就是安装芯片的印刷电路板,简称 PCB 板,它是 printed circuit board 的缩写,常用的是外观呈现布满铜箔细线电路的绿色板。

(3) 焊接就是实现芯片与基板间的机械固定和芯片与芯片间的电路连接的工艺,常用的焊料有锡膏和锡条。

图 5-54 表面贴装技术组装的基板

(4) 贴装就是把芯片的焊端平面与基板的焊点平面进行焊接。

(5) 电子组装技术就是把电子元器件安装到PCB 板上实现机械固定和电路连接的技术。SMT 是其中的一种。图 5-54 所示的是用表面贴装技术组装的基板,SOP、QFP 和 PLCC 是集成电路芯片,三者之间用许多铜箔细线相连,实现电路连接和电信号传送。

SMT 几乎被应用于所有的电子产品中,如计算机、机器人等智能产品,手机等通信产品,数码相机、高级音响等娱乐产品。从 20 世纪 80 年代起,SMT已成为世界上最热门的新一代电子组装技术,被誉为电子组装技术的一次革命。

### 2. SMT 的特征

SMT 的最大特征就是"贴装"。各种芯片和电路导线及其焊点是在基板的同一侧表面,芯片看上去就像是被粘贴到基板表面,称这种组装形态为"贴装"。

为加深对"贴装"含义的理解,可以与另一种电子组装技术——通孔插装技术作比较。通孔插装技术简称 THT,是 through hole technology 的缩写。

通孔插装技术的最大特征就是"插装"。电子元器件和电路导线及焊点分别位于基板的不同侧表面,电子元器件集中在基板的某一侧表面(正面),而电路导线及焊点则集中于基板的另一侧表面(背面)。基板的焊点上有通孔,电子元器件的引线插过通孔与基板背面的电路导线焊接,实现电子元器件与基板间的机械固定和电子元器件与电子元器件间的电路连接。我们称这种组装形态为"插装"。

图 5-55 所示的是用通孔插装技术组装的基板,基板上有电阻、电容,它们的引线插过通孔与基板背面的电路导线相连,实现机械固定和电路连接。

**图 5-55　通孔插装技术组装的基板**

### 3. SMT 的优势

1)产品小型化

贴装芯片的体积和重量只有传统插装元件的 1/10～1/5。一般采用 SMT 之后,电子产品体积缩小 40%～60%,重量减轻 60%～80%,适应了电子产品追求轻薄短小的发展方向。

2)产品成本低

贴装芯片的封装成本目前已经低于同功能、同类型的插装元件,因此贴装芯片的售价可比插装元件更低。另外,贴装芯片的引线无须像插装元件那样整形打弯剪短,因而减少了工序。据统计,表面贴装方式的加工成本低于通孔插装方式,一般可使生产总成本降低 30%～50%。

3)产品可靠性高

贴装芯片因无引线或短引线,减少了电路间的射频干扰;贴装芯片因易于焊接,大大减少了焊接失效率;贴装芯片因焊点牢固,其产品更加耐振动、抗冲击。

### 4. SMT 生产线的组成

为了实现表面贴装,PCB 板大致要经过三个步骤,即刷锡、贴装和焊接。完成刷锡任务的设备称为印刷机,完成贴装任务的设备称为贴装机,完成焊接任务的设备称为焊接机。可以认为,SMT 的生产线主要由印刷机、贴装机和焊接机组成,如图 5-56 所示。

(1)印刷机的作用是把锡膏漏印到 PCB 板的焊点上,为芯片的容易焊接做准备。

$$印刷机 \longrightarrow 贴装机 \longrightarrow 焊接机$$

图 5-56　SMT 生产线的组成

（2）贴装机的作用是把芯片贴装到 PCB 板的焊点上，组装成特定功能的电子线路。

（3）焊接机的作用是把芯片与 PCB 板上的焊点牢固地黏结成一个整体，实现机械固定和电路连接。

**5．SMT 的术语**

表面贴装技术是新一代电子组装技术，正在不断发展和变化中，加之其主要技术及设备主要从日本、德国和美国引进，译语不一，故而同义多语、同物多词的现象不少。在这里举几例，以便在阅读同类资料时有所帮助。

- surface mount technology(SMT) 译为表面贴装技术、表面组装技术或表面安装技术。
- screen printer 译为印刷机或丝印机。
- chip mount 译为贴装机、贴片机或实装机。
- reflow solder 译为回流焊机或再流焊机。
- soldering paste 译为焊膏，或称焊锡、焊锡膏。

**6．SMT 的历史和现状**

1）SMT 在国外的概况

美国是世界上最早应用 SMT 技术的国家，从 20 世纪 60 年代起就开始使用 SMT，并一直重视在投资类电子产品和军事装备领域发挥 SMT 的高组装密度和高可靠性能方面的优势，具有很高的水平。

日本在 20 世纪 70 年代从美国引进 SMT 技术应用在消费类电子产品领域，从 20 世纪 80 年代中后期起加速了 SMT 在产业电子设备领域中的全面推广应用。由于投入巨资大力加强基础材料、基础技术和推广应用方面的开发研究工作，日本很快超过了美国，在 SMT 方面处于世界领先地位。

欧洲各国 SMT 的起步较晚，但这些国家重视发展并有较好的工业基础，发展速度也很快，其发展水平仅次于日本和美国。20 世纪 80 年代以来，亚洲的新加坡、韩国也不惜投入巨资，纷纷引进先进技术，使 SMT 获得较快的发展。

2）SMT 在国内的概况

20 世纪 80 年代以来，中国香港地区和中国台湾地区等投入巨资引进 SMT。我国大陆 SMT 的应用起步于 20 世纪 80 年代初期，最初从美国、日本等国成套引进了 SMT 生产线用于彩电调谐器生产，随后应用于录像机、摄像机及袖珍式高档多波段收音机、随身听等生产中，近几年在计算机、通信设备、航空航天电子产品中也逐渐得到应用。

2000 年，我国约有 40 多家企业从事表面贴装元器件的生产，全国约有 300 多家企业引进了 SMT 生产线，不同程度地采用了 SMT 技术，全国已引进 4 000～5 000 台贴装机。随着改革开放的深入以及加入 WTO 影响，美国、日本、新加坡和我国台湾地区的一些企业已将 SMT 加工厂搬到了中国内地。

2009 年，中国 SMT 产业主要集中在珠江三角洲地区和长江三角洲地区，这两个地区产业销售收入占到了整体产业规模的 90％以上，其中仅珠江三角洲地区就占到了整体比重的 47％。另外环渤海地区 SMT 产业的销售额也达到了 3.1 亿元，占整体产业比重的 7.6％。

从产业自身的发展周期来看，虽然中国的 SMT 产业尚处于发展初期，但是已经呈现出了蓬勃生机。同时，SMT 产业又是一个重要的基础性产业，对于推动中国的电子信息产业制造业结构调整和产业升级有着重要意义。推动中国 SMT 产业快速健康发展需要产业上下游各个环节的共同协作。

### 5.4.2　刷锡技术

把锡膏印刷到 PCB 板的每个焊点上，这个步骤称为刷锡，而实现刷锡的技术称为刷锡技术。印刷机是实现刷锡技术的主要设备，从低到高分为 3 个档次，即手动、半自动和全自动。手动是指 PCB 的进板、刷锡、出板都靠人工完成。半自动是指 PCB 的进板和出板靠人工完成，而刷锡是自动完成。全自动是 PCB 的进板、刷锡、出板都是自动完成。无论采取何种方式，刷锡的基本原理是相同的。如图 5-57 所示为国产半自动印刷机。

**1. 刷锡的四要素**

（1）PCB 板是指按产品电路图加工好的 PCB 板产品（基板）。

（2）漏印模板是指按产品电路图加工好的漏印模板。常用 0.15 mm 厚的不锈钢薄板，按照 PCB 板的各焊点位置，镂空成大小与各焊点一致的孔。如图 5-58 所示即为漏印模板被镂空成的孔。

（3）锡膏是膏状流体，带有一定黏性。

（4）刮刀呈长条形，其长度一般为 PCB 板的长度（印刷方向）再加上 50 mm 左右。

图 5-57　国产半自动印刷机图　　　　图 5-58　漏印模板被镂空成的孔

基板就是安装芯片的 PCB 板，常用的是外观呈现布满铜箔细线电路的绿色板。PCB 板的种类很多，这里仅介绍常用基板。

（1）环氧树脂玻璃纤维基板。

这种基板由环氧树脂和玻璃纤维布组成，单面或双面敷上铜箔层，故俗称敷铜板。环氧树脂和玻璃纤维均是绝缘材料。制作时，把环氧树脂渗透到玻璃纤维布中，并加入黏合剂、阻燃剂等。由于环氧树脂的韧性好而玻璃纤维的强度高，故环氧树脂玻璃纤维基板具有良好的韧性和强度。

（2）聚酰亚胺树脂玻璃纤维基板。

这种基板由聚酰亚胺树脂和玻璃纤维布组成，单面或双面敷上铜箔层，具有良好的柔性和刚性。特别是在高温下，这种基板的强度和稳定性优于环氧树脂玻璃纤维基板，常用于可靠性要求高的航天及军工产品中。

基板有个很重要的指标称作玻璃化转变温度 $T_g$(glass transition temperature)。处在 $T_g$ 温度的基板呈现出既硬又脆的状态,类似玻璃,因而得名。温度超过 $T_g$ 时,基板会变软,呈现出橡胶状态,此时基板的机械强度急剧下降。当用波峰焊机或回流焊机对基板进行焊接时,为使焊锡熔融,焊接温度通常要达到 220 ℃ 左右。如果基板的玻璃化转变温度 $T_g$ 远远低于 220 ℃,则焊接时基板将呈现橡胶状。橡胶状的基板会因难以承受贴装芯片的重量而变形。这种热变形会随后继工序的冷却又向原状回复,从而产生应力。应力作用在焊点上可能导致芯片脱焊,严重时会使芯片损坏。

因此,选择基板时,基板的玻璃化转变温度 $T_g$ 应尽可能接近焊接温度(如 220 ℃ 左右)。

作为参考,环氧树脂玻璃纤维基板的玻璃化转变温度 $T_g$ 是 125 ℃,聚酰亚胺树脂玻璃纤维基板的玻璃化转变温度 $T_g$ 是 250 ℃,显然后者好于前者。

焊膏(soldering paste)又称焊锡、焊锡膏,是一种焊接材料,呈浆状或膏状,便于印刷机漏印到 PCB 板上。焊膏具有一定的黏性,贴装在 PCB 板上的芯片被焊膏的黏力粘住,只要 PCB 板的倾斜角度不大或无外力碰撞,芯片一般不会移动位置。

焊膏主要由合金焊料粉末和焊剂组成,混合比例为合金焊料粉末约占 90%,焊剂约占 10%。合金焊料粉末,是焊接的主要材料。其主要作用是把芯片与 PCB 板上的焊点连接成一个整体,实现机械固定和电路连接。合金焊料可分为锡铅(Sn Pb)合金,锡铅银(Sn-Pb-Ag)合金,锡铅铋(Sn-Pb-Bi)合金等。合金比例的不同会导致焊膏的熔点温度不同。锡铅(Sn-Pb)合金的比例为 63%:37%(记为 Sn63/Pb37)时,熔点温度是 183℃;锡铅银(Sn-Pb-Ag)合金的比例为 62%:36%:2%(记为 Sn62/Pb36/Ag2)时,熔点温度是 179 ℃。

合金焊料有个缺点,即在高温下容易与空气中的氧气产生化学反应生成氧化物,在合金焊料表面形成黑色残渣。这个黑色残渣夹杂在焊点中会造成虚焊。防止虚焊的方法是使用焊剂。

焊剂也称助焊剂,是焊接的辅助材料。其主要作用是除去焊接表面的氧化物,防止虚焊。松香是常用的焊剂,它性能优良,除具有去掉焊接表面的氧化物的特性外,还能绝缘、耐湿、长期稳定,并且无毒性和腐蚀性。

为了得到更好的焊接效果,常常往焊剂中添加其他的成分,如黏结剂、溶剂等。回流焊接机使用糊状的焊剂,为了使芯片与 PCB 板上的焊点具有更强的黏性,可往焊剂中添加聚丁烯这样的黏结剂。波峰焊接机用液态的焊剂,为了使焊剂的固体成分易于溶解,可往焊剂中添加乙醇这样的溶剂。

焊膏成分中含有一定比例的铅,而铅是对人体有害的金属,主要会伤害人的神经系统、造血系统和消化系统。电器产品的快速升级换代,使大量的旧电器产品被废弃,残留在 PCB 板上的铅,处理不当就会造成环境污染。因此,许多国家纷纷限制含铅焊膏的使用,并积极研制和使用无铅焊膏。

2000 年 1 月起,美国正式向工业界推荐使用无铅焊膏。

2004 年 1 月起,日本规定必须使用无铅焊膏。

2006 年 7 月起,欧盟组织规定在欧洲市场上,必须销售无铅的电子产品。

我国也积极推进电子产品的无铅化。2003 年 3 月,拟定了《电子信息产品生产污染防治管理办法》,规定从 2006 年 7 月起,国家重点监管的电子信息产品不能含有铅。

目前,无铅焊膏主要采用无毒合金,成分是以锡(Sn)为主,添加银(Ag)、铜(Cu)等金属元素。市场使用最多的配比为 Sn96.3/Ag3.2/Cu0.5。虽然无铅焊膏的研究取得了很大进展,但是,各方面的性能并未达到或优于传统锡铅(Sn-Pb)合金焊膏的程度。

**2. 刷锡的基本原理**

（1）把开好孔的漏印模板用金属框架绷紧。

（2）将 PCB 板装入漏印模板的下方，进行调位，使漏印模板与 PCB 板表面接触并使漏印模板的各孔与 PCB 板的各焊点对准。

（3）把锡膏放在漏印模板上。

（4）用刮刀把锡膏从漏印模板的一端推向另一端（常又推回来）。这样，锡膏在刮刀的推压力下，通过漏印模板的孔，被印刷（漏印）到 PCB 板的各焊点上。

（5）漏印模板与 PCB 板脱离（漏印模板上升或 PCB 板下降），刷锡过程完成。

### 5.4.3 贴装技术

印刷机把 PCB 板上各焊点刷锡后，下一道工序就是将芯片贴装到 PCB 板上。完成贴装的机器称为贴片机。贴片机根据自动化程度的高低可分为手动贴片机和自动贴片机两类。

**1. 手动贴片机**

手动贴片机的结构简单，价格相对低廉，常用于贴片环节的教学示范，也可作为 SMT 自动生产线的补充手段，在出现漏焊、虚焊时使用。

图 5-59 所示的是一款带有高精度视频的手动贴片机。

**图 5-59　高精度视频的手动贴片机**

手动贴片机完成贴片主要有三个动作，即吸取、对中和贴放。

1）手动吸取

吸取就是把芯片吸附在吸嘴上，目的是把芯片移动定位到 PCB 板的贴装位置的上方。

贴片机用贴头（head）和吸嘴（nozzle）来完成对芯片的吸取。吸嘴插到贴头的下方，不同的芯片需用不同大小的吸嘴。吸取小芯片时就向贴头插装小吸嘴，而吸取大芯片时就向贴头插装大吸嘴。吸嘴的结构中有上下通透的中空孔。中空孔的一端插入贴头，另一端紧吸芯片。贴头里装有真空换向阀，当要吸取芯片时打开真空换向阀，使吸嘴内的空气通过中空孔被吸走而形成真空状态。这样，吸嘴外围的大气压力就大于吸嘴内部的真空压力，芯片就在外部空气的压力作用下被吸起，如图 5-60 所示。

2）手动对中

对中就是芯片的中心点与贴装位置的中心点对准重合，使芯片的各焊端与 PCB 板上相应位置的各焊点对准重合的过程。

图 5-59 所示的是高精度视频手动贴片机，其芯片对中过程通过显示器进行，可以边观

(a) 芯片在外部空气的压力作用下被吸起          (b) 吸取芯片的原理示意图

**图 5-60  手动吸取**

察边用手工微调。贴头既可实现 $X$、$Y$ 方向的平移调整,平移精度可达 2 $\mu m$(0.002 mm),也可实现角度方向的旋转调整,旋转精度可达 2″。这样的精密调节,可保证芯片对中的高精度要求。对中的好坏用贴装精度来衡量,贴装精度是衡量贴片机好坏的最重要的指标。

贴装精度是指芯片贴装后的位置相对于 PCB 板上标准位置的偏移量的大小。偏移量越小表明贴装精度越高,一般要求贴装精度达到 ±0.06 mm 以上。

图 5-61 所示的是影响贴装精度的两种偏移量,即 $X$、$Y$ 方向的平移误差和角度方向的旋转误差。

(a) 无误差          (b) $X$、$Y$ 方向的平移误差          (c) 角度方向的旋转误差

**图 5-61  $X$、$Y$ 方向的平移误差和角度方向的旋转误差**

3）手动贴放

贴放就是把对中好的芯片贴到 PCB 板上的相应位置。将贴头下降,使芯片贴到 PCB 板表面,并给予恰当压力,使芯片焊端有 1/2 的厚度浸入焊点的焊膏中。此时,关闭贴头的真空换向阀,使吸嘴内的真空状态失效变成通常的大气状态,从而使吸嘴外围的大气压力与吸嘴内部的大气压力一样,吸嘴失去吸力。同时,由于焊膏的黏力,芯片就被粘在 PCB 板表面,然后贴头上升准备进行下一次吸取。

要注意的是,贴装压力不能过大,否则会造成焊膏的挤出量过多,形成焊点与焊点间的桥接现象,产生电路的连接错误。

**2. 自动贴片机**

自动贴片机的结构复杂,价格昂贵,常用于基板贴装的大量生产中,如贴装计算机的主板等。自动贴片机是一种具有机械手的机器人,是集机电光软为一体的高精尖技术产品(机是指精密机械,电是指复杂电路,光是指光学识别,软是指控制软件)。我国目前因贴装精度等技术不过关,还不能独立制造实用型的自动贴片机。目前国内常见的自动贴片机一般是日本、德国、美国的产品。

图 5-62 所示的是一款日本生产的自动贴片机。

盘式供料器

带式供料器

**图 5-62  日本生产的自动贴片机**

自动贴片机的贴装原理与手动贴片机相同,它完成贴片也主要有三个动作,即吸取、对中和贴放,只不过,这些动作是自动完成的。为了实现自动贴片,增加了相应设备。

1) 自动吸取

自动吸取增加了供料器(feeder)设备,常用的是带式供料器(tape feeder)、盘式供料器(tray feeder)和杆式供料器(stick feeder)等。这些供料器能根据控制软件给出的指令,把芯片送到吸取位置上,供贴头吸取。

2) 自动对中

自动对中增加了对中设备,常用的是基板识别相机(PCB camera)和芯片识别相机(chip camera)。

基板经传送带送到贴装台时,会产生 $X$、$Y$ 方向的平移误差和角度方向的旋转误差,称为基板定位偏移量。为了精确计算基板定位偏移量的大小,可使用基板识别相机。基板识别相机位于基板的上方,从上往下照射基板的识别标志,以获得偏移量。基板的识别标志常用铜箔做成直径为 1 mm 左右的实心圆点(也可将识别标志做成 1 mm 左右的正方形或三角形)。

另一方面,贴头吸取芯片时,贴头中心点往往偏离芯片的中心点,也会产生 $X$、$Y$ 方向的平移误差和角度方向的旋转误差,称为芯片吸取偏移量。为了精确计算芯片吸取偏移量的大小,可使用芯片识别相机。芯片识别相机位于贴头的下方,从下向上照射被贴头吸取的芯片,以获得偏移量。

计算出基板定位偏移量和芯片吸取偏移量后,需要补正贴头的移动位置,这时贴头移动并旋转,最终使芯片的中心点与贴装位置的中心点对准重合,保证了芯片的各焊端与 PCB 板上相应位置的各焊点对准重合。

3) 自动贴放

在贴头上增加了升降伺服电机和压力传感器设备。升降伺服电机能使贴头上下精确移动,而压力传感器能使芯片贴到 PCB 板表面的压力适当。

4) 连续贴装

一个芯片的贴装需要做"吸取→对中→贴放"这三个动作,那么,一块基板上要贴装 $N$ 个芯片时,就要把"吸取→对中→贴放"这三个动作重复 $N$ 次。我们把不间断的 $N$ 次贴装称为连续贴装。为了实现连续贴装,需要把每个芯片贴装位置的中心点等信息传输给贴片机。表 5-3 是常用的连续贴装的信息格式。

表 5-3　连续贴装的信息格式

| 芯片序号 | X 坐标/mm | Y 坐标/mm | 贴装角度/(°) | 芯片名称 | 注　释 |
|---|---|---|---|---|---|
| 1 | 100.000 | 25.000 | 90 | R3-1.2k | 2012R |
| 2 | 120.200 | 25.400 | 0 | R4-5.6k | 2012R |
| 3 | 140.030 | 25.060 | −90 | IC1-SC1088 | SOP16pin |
| … | … | … | … | … | … |
| 100 | 100.001 | 50.001 | 45 | C2-0.01μF | 2012C |

芯片序号表示要连续贴装的芯片的个数,单位是正整数。表 5-3 表示要把 100 个芯片连续贴装到一块基板上。

X 坐标和 Y 坐标表示了芯片的贴装位置的中心点,简称贴装坐标,单位是毫米(mm),精确度可达 0.001 mm。例如,芯片 R3-1.2k 的贴装坐标是(100.000,25.000),贴片机就会把芯片 R3-1.2k 贴装到横向坐标 X＝100.000 mm,纵向坐标 Y＝25.000 mm 的交叉点上。

贴装角度表示了芯片贴装到基板上的摆放角度,单位是°。例如,芯片 R3-1.2k 是以 90°摆放在基板上的。贴装角度的定义依据不同厂家会有所不同。总之,同一个芯片根据电路设计,既可以横着摆放在基板上,也可以竖着摆放在基板上,还可以斜着摆放在基板上,贴装角度就表示了这类摆放状态。

芯片名称是任意命名的符号,表示具有一定意义的实体芯片,单位是字符串。例如,R3-1.2k 表示基板上 R3 的位置是 1.2 kΩ 电阻。

注释表示需注意的地方。例如,2012R 表示 R3-1.2k 芯片的尺寸是长 2.0 mm、宽 1.2 mm 系列的电阻。

**3. 表面贴装芯片的基础知识**

表面贴装芯片的结构基本上是片状结构,以便于表面贴装。常用的有片状电阻、片状电容、片状二极管、片状三极管和片状集成电路等。

1) 片状电阻

片状电阻的形状是扁形长方体,图 5-63 所示为片状电阻。

(a) 5.1 kΩ　　　　　(b) 1.5 Ω　　　　　(c) 0 Ω

图 5-63　片状电阻

(1) 外形尺寸。

片状电阻常用四位数字代号来表示其外形尺寸,前两位数字表示长度,后两位数字表示宽度。例如,2012R 的片状电阻,其长度为 2.0 mm、宽度为 1.2 mm,后缀 R 表明是电阻。

片状电阻就是根据外形尺寸的大小划分成几个系列的,常见的有 3216R 系列、2012R 系列、1608R 系列、1005R 系列和 0603R 系列。每个系列都可以提供电阻值繁多的片状电阻。从系列命名也可看出,片状电阻越来越小型化,0603R 系列的片状电阻长度仅 0.6 mm,宽度只有 0.3 mm,小到连肉眼都难辨认。

这里特别要提示的是,目前片状电阻系列命名的外形尺寸有两种制式,即公制(mm)和英制(in),本书中采用公制。日本公司的产品一般采用公制,而欧美公司的产品一般采用英制。由于大量使用国外的产品,我国既采用公制也采用英制,两者的换算关系是 1 in＝2.54 cm＝25.4 mm。这样一来,同一个系列的片状电阻就有两个名字,例如,1608(公制)/0603(英制)。若不说明,有时会混淆而分辨不清。例如,0603 系列,按公制理解,长度为0.6 mm、宽度为 0.3 mm;而按英制理解,换算成公制则长度为 1.6 mm、宽度为 0.8 mm,结果完全不同。为了便于区分,可参考公制/英制外形尺寸对照表,见表 5-4。

表 5-4　公制/英制外形尺寸对照表

| 公制/英制 | 系列长度 $L$/(mm/in) | 宽度 $W$/(mm/in) | 厚度 $T$/(mm/in) |
| --- | --- | --- | --- |
| 3216/1206 | 3.2/0.12 | 1.6/0.06 | 0.6/0.024 |
| 2012/0805 | 2.0/0.08 | 1.2/0.05 | 0.5/0.020 |
| 1608/0603 | 1.6/0.06 | 0.8/0.03 | 0.45/0.018 |
| 1005/0402 | 1.0/0.04 | 0.5/0.02 | 0.35/0.014 |
| 0603/0201 | 0.6/0.02 | 0.3/0.01 | 0.25/0.010 |

(2) 电阻值的表示。

3216R 系列、2012R 系列和 1608R 系列一般在芯片表面印有 3 位数字,前 2 位是有效位,第 3 位是 10 的次方幂,单位是欧姆(Ω)。例如,512 表示的电阻值是 5100 Ω(＝5.1 kΩ);1R5 表示的电阻值是 1.5 Ω;000 表示的电阻值是 0 Ω(跨接电阻起导通的作用)。

1005R 系列、0603R 系列的芯片太小,表面不印数字,电阻值印在装芯片的大圆盘的标签上。

2) 片状电容

片状电容的外形、尺寸以及电容值的表示与片状电阻基本一样,只不过用后缀 C 来表明是电容,常见的有 3216C 系列、2012C 系列、1608C 系列、1005C 系列和 0603C 系列。电容值也用表面印有的 3 位数字表示,单位是皮法拉(pF)。例如,163 表示的电容值是 16 000 pF(＝0.016 μF)。

3) 片状二极管和三极管

片状二极管一般采用 2 引线或 3 引线,引线分布在本体两侧并向外伸展,类似翅膀的形状,故称翼形引线。片状二极管典型的外形尺寸是长度为 3.0 mm,宽度为 1.5 mm,厚度为1.1 mm。引线的长度为 0.6 mm,宽度为 0.4 mm,厚度为 0.15 mm。

片状三极管一般采用 3 条或 4 条翼形引线,有 SOT-23、SOT-29 等几种系列产品,SOT(short outline transistor)是短引线晶体管之意。片状三极管典型的外形尺寸是长度为6.5 mm,宽度为 5.5 mm,厚度为 2.3 mm。引线的长度为 2.0 mm,宽度为 1.0 mm,厚度为0.5 mm,引线(电极)间的间距为 2.3 mm。片状二极管和片状三极管如图 5-64 所示。

(a) 片状二极管

(b) 片状三极管

图 5-64　片状二极管和片状三极管

4）片状集成电路

片状集成电路按封装形式主要可分为 SOP、QFP、PLCC、BGA 等系列。所谓集成电路封装，是指包装集成电路裸芯的外壳及引出端。外壳起着固定安放、密封保护集成电路裸芯的作用，引出端起着连接集成电路裸芯与外部电路的作用。这部分在第 4 章有介绍，请读者参考。

## 5.4.4 回流焊接技术

目前，SMT 工艺中用到的焊接机主要有回流焊机和波峰焊机两类。在前一节中已介绍过波峰焊机，下面主要介绍回流焊机的相关知识。

### 1. 回流焊原理

回流焊是英文 reflow soldering 的直译，也称再流焊，主要用于表面贴装芯片的焊接。

**图 5-65 国产热风对流回流焊机**

回流焊原理是用适度高温让基板上各焊点的焊锡熔化而再度流动润湿后进行冷却，使芯片的焊端与基板的焊点牢固地黏结成一个整体，实现机械固定和电路连接。所谓适度高温，是指超过焊锡熔点 25% 左右的温度。例如，Sn63/Pb37 类型的焊锡，其熔点温度是 183 ℃，则适度高温约为 230 ℃。

所谓流动润湿，是指液态焊锡对基板的焊点、芯片的焊端进行回流扩散，使得液态焊锡的原子渗透（润湿）到焊点焊端的铜材内。

### 2. 热风对流回流焊机

回流焊机主要有热板传导、红外辐射、热风对流等几种。这里只介绍热风对流回流焊机，如图 5-65 所示是一款国产的热风对流回流焊机，其主要技术参数如表 5-5 所示。

**表 5-5 国产热风对流回流焊机的主要技术参数**

| 项　目 | 参数和说明 |
| --- | --- |
| 温区数目 | 6，上 3 下 3 |
| 温度准确度 | ±2℃ |
| 温度范围 | 0～360℃ |
| 升温时间 | 25 min |
| 发热来源 | 全热风对流方式 |

所谓热风对流回流焊，是指使用加热器进行加热升温，并利用对流风扇强制热流动循环，使芯片焊端和基板焊点的焊锡熔化，产生润湿效应，然后进行冷却从而实现焊接。图 5-66 所示的是热风对流回流焊机的原理图。

基板随着传送带的滚动，依次通过 3 个温区——预热区、回流区、冷却区，然后完成焊接，全过程需 3～4 min。

1）预热区

预热区的作用有两个。一是将基板的温度从室温逐步提升到接近焊锡熔点的温度，以避免基板突然进入高温的回流区而产生芯片龟裂现象；二是保持这个温度一段时间，使焊锡中的焊剂发挥活性作用，以除去焊点焊端表面的氧化层。

预热区温度的起点是室温，终点是焊锡熔点温度。

**图 5-66　热风对流回流焊机的原理图**

对 Sn63/Pb37 类型的焊锡而言,其熔点温度是 183 ℃,故温度以每秒 2～5 ℃的速度连续上升到 150～160 ℃(活性温度)为宜,并保持 60～90 s(根据不同温度的划分,这段温度的保持时间称为保温区,也称活性区)。预热区一般占整个加热通道长度的 60%～80%,基板通过时间为 110～140 s。

2)回流区

回流区的作用是,将基板的温度从预热区温度提升到峰值温度(超过焊锡熔点温度的15%～25%),保持峰值温度一段时间,以保证焊锡完全熔化而再度流动,润湿基板焊点及芯片焊端。

回流区温度的起点是焊锡熔点温度,终点是峰值温度下降后到达的焊锡熔点温度。对于Sn63/Pb37 类型的焊锡而言,其熔点温度是 183 ℃,故峰值温度为 210～230 ℃,一般峰值温度的保持时间短于 10 s。回流区一般占整个加热通道长度的 20%～40%,基板通过时间为 50～90 s。

3)冷却区

冷却区的作用是,将基板的温度从焊锡熔点温度迅速下降,使焊锡凝固形成焊点,完成焊接。

冷却区温度的起点是焊锡熔点温度,终点是室温。

**3. 温度曲线**

基板从回流焊机的入口进入,在某一段时间内,依次通过温度不同的预热区、回流区、冷却区,到达出口完成焊接。若把时间作为横坐标(X),温度作为纵坐标(Y),描绘焊接过程的温度变化,就形成了一条曲线,称为温度曲线,如图 5-67 所示为回流焊机的温度曲线。

**图 5-67　回流焊机的温度曲线**

温度曲线是决定回流焊接质量的关键。一般回流焊机的厂家会在产品说明书中给出理想温度曲线,用户可以边调整各种参数,边焊接基板,反复多次,最终得到符合实际的理想温度曲线。常常借助由温度测试仪和热电偶及专用软件组成的系统来调整各种参数。

各种参数中最关键的是传送带速度和温区温度设定。传送带速度决定基板通过各个温区的时间,温区温度设定决定基板通过各个温区时所得到的温度。

# 思 考 题

1. SMT 的英文全称是什么?
2. 表面贴装技术的定义是什么?
3. 电子组装技术的定义是什么?
4. 表面贴装技术的最大特征是什么?
5. 通孔插装技术的最大特征是什么?
6. 表面贴装技术与通孔插装技术相比有哪些优势?
7. SMT 生产线主要由哪三部分组成?
8. 手动贴片机或自动贴片机完成贴片主要有哪三个动作?
9. 贴片机的贴装精度一般要求达到什么标准?
10. 什么是自动贴片机的连续贴装?
11. PLCC 和 BGA 芯片的外形特征是什么?
12. 回流焊的原理是什么? 适用于哪个生产环节?
13. 波峰焊技术的原理是什么? 适用于哪个生产环节?
14. 点焊法、拖焊法、梳锡法各有何特点,适用于何种焊接环境?
15. 常见元器件的拆焊方法有哪些? 区别在哪里?

# 第6章　印制电路板的设计与制作

Protel 99 SE 是一款高效的 EDA(electronic design automation)设计软件,具有良好的人机交互界面,使用方便,主要用于电路的原理图设计、印制电路板(PCB)图设计以及电路仿真。本章以实例为主线,按照设计电路的规范流程系统地介绍了 Protel 99 SE 中常用功能模块的使用,阐述了制板的工艺流程。本章的内容编排主要突出实用性强的特点,图文并茂,读者可对照例题边学习边操作,同时尽可能为工程技术人员提供有价值的参考。

在本章关于元件的叙述中,约定如下表述。

(1) 元件,通常指元器件实物,也可泛指原理图设计中的元件符号,以及电路板设计中的元件封装。

(2) 元件符号是指原理图设计中的元件符号图形(无尺寸要求)。

(3) 元件封装是焊接到电路板的元件,元件封装定义了元件的管脚相对位置以及外形尺寸(有严格尺寸要求)。

## 6.1　Protel 99 SE 概述

### 1. Protel 的发展历史

随着计算机技术的发展,从 20 世纪 80 年代中期开始,计算机应用进入各个领域。在这种背景下,20 世纪 80 年代末由美国 Accel Technology 推出了第一个应用于电子线路设计的软件包——TANGO,这个软件包开创了电子设计自动化(EDA)的先河。这个软件包现在看来比较简陋,但在当时给电子线路设计带来了设计方法和方式的革命,人们纷纷开始用计算机来设计电子线路。

随着电子工业的飞速发展,TANGO 日益显示出其不适应时代发展需要的弱点。为了适应科学技术的发展,Protel Technology 公司以其强大的研发能力推出了 Protel For Dos 作为 TANGO 的升级版本,从此 Protel 这个名字在业内日益响亮。

20 世纪 80 年代末,Windows 系统开始日益流行,许多应用软件也纷纷开始支持 Windows 操作系统。Protel 也不例外,相继推出了 Protel For Windows 1.0、Protel For Windows1.5 等版本。这些版本的可视化功能给用户设计电子线路带来了很大的方便,设计者再也不需要记一些烦琐的命令,也让用户体会到资源共享的乐趣。

20 世纪 90 年代中,Windows 95 开始出现,Protel 也紧跟潮流,推出了基于 Windows 95 的 3.X 版本。3.X 版本的 Protel 加入了新颖的主从式结构,但在自动布线方面却没有什么出众的表现。另外由于 3.X 版本的 Protel 是 16 位和 32 位的混合型软件,故不太稳定。

1998 年,Protel 公司推出了给人全新感觉的 Protel 98。Protel 98 这个 32 位产品是第一个包含 5 个核心模块的 EDA 工具,以其出众的自动布线能力获得了业内人士的一致好评。

1999 年,Protel 公司又推出了最新一代的电子线路设计系统——Protel 99。Protel 99 软件沿袭了 Protel 以前版本方便易学的特点,内部界面与 Protel 98 大体相同,也新增加了一些功能模块。

2000 年，Protel 公司改进了 Protel 99，推出了 Protel 99 SE，其性能进一步提高，可以对设计过程有更强控制力，这一版本成了绝对的经典，一直使用至今。

2002 年，Protel 公司更名为 Altium，并推出了 Protel DXP，集成了更多工具，使用更方便，功能更强大。

2003 年，推出 Protel 2004，对 Protel DXP 进一步完善。

2006 年，推出 Altium Designer 6.0，集成了更多工具，使用方便，功能更强大，特别在 PCB 设计这一块性能大大提高。

截至 2015 年 12 月底，最新的版本为 Altium Designer 15，该版本可以免费试用 30 天。

**2. Protel 99 SE 的组成**

Protel 99 SE 主要由以下六大模块主成。

（1）Advanced Schematic 99 SE，是用于原理图设计的系统。这部分包括用于设计原理图的原理图编辑器 Sch 以及用于修改、生成元件的元件库编辑器 SchLib。

（2）Advanced PCB 99 SE，是用于电路板设计的印制电路板设计系统。这部分包括用于设计电路板的电路板编辑器 PCB 以及用于修改、生成元件封装的元件封装编辑器 PCBLib。

（3）Advanced Route 99 SE，用于电路板自动布线。

（4）Advanced PLD 99 SE，是集成于原理图设计系统的可编程逻辑设计系统。

（5）Advanced SIM 99 SE，是用于原理图上进行信号模拟仿真的信号模拟仿真系统。

（6）Advanced Integrity 99 SE，用于分析 PCB 设计和检查设计参数。

除了六大模块外，还有编辑文本的文本编辑器 Text 和用于显示、编辑电子表格的电子表格编辑器 Spread 等。

**3. Protel 99 SE 的主要特色**

Protel 99 SE 是基于 Microsoft Windows 平台的纯 32 位 EDA 设计软件。Protel 99 SE 提供了一个集成的设计环境，包括了原理图设计和 PCB 布线工具，集成的设计数据库文档管理，支持通过网络进行设计团队协同设计功能。Protel 99 SE 的主要特点如下。

（1）Protel 99 SE 系统进行了纯 32 位的代码优化，使得 Protel 99 SE 设计系统运行稳定而且高效。

（2）SmartTool（智能工具）技术将所有的设计工具集成在单一的设计环境中。

（3）SmartDoc（智能文档）技术将所有的设计数据文件储存在单一的设计数据库中，用设计管理器来统一管理。设计数据库以 .ddb 为后缀，在设计管理器中统一管理。

（4）SmartTeam（智能工作组）技术能让多个设计者通过网络安全地对同一设计进行单独设计，再通过工作组管理功能将各个部分集成到设计管理器中。

（5）PCB 自动布线规则条件的复合选项极大地方便了布线规则的设计。

（6）用在线规则检查功能支持集成的规则驱动 PCB 布线。

（7）最新的 PCB 自动布线系统使用了人工智能技术，如人工神经网络、模糊专家系统、模糊理论和模糊神经网络等技术，即使对于很复杂的电路板，其布线结果也能达到专家级的水平。

（8）对印制电路板设计时的自动布局采用两种不同的布局方式，即组群式（Cluster Placer）和基于统计方式（Statistical Placer）。在以前版本中只提供了基于统计方式的布局。

（9）Protel 99 SE 新增加了自动布局规则设计功能，Placement 标签页是在 Protel 99 SE 中新增加的，用于设置自动布局规则。

（10）增强的交互式布局和布线模式，包括"push-and-shove"（推挤）。

（11）电路板信号完整性规则设计和检查功能可以检测出潜在的阻抗匹配、信号传播延时和信号过载等问题。Signal Integrity 标签页也是在 Protel 99 SE 中新增加的，用于进行信号完整性的有关规则设计。

（12）元件封装类生成器的引入改进了元件封装的管理功能。

（13）广泛的集成向导功能引导设计人员完成复杂的工作。

（14）原理图到印制电路板的更新功能加强了 Sch 和 PCB 之间的联系。

（15）完全支持制板输出和电路板数控加工代码文件的生成。

（16）可以通过 Protel Library Development Center 升级广泛的器件库。

（17）可以用标准或者用户自定义模板来生成新的原理图文件。

（18）集成的原理图设计系统收集了超过 60 000 个元器件。

（19）通过完整的 SPICE 3f5 仿真系统可以在原理图中直接进行信号仿真。

（20）可以选择超过 60 种工业标准计算机电路板布线模板或者用户可以自己生成一个电路板模板。

（21）Protel 99 SE 开放的文档功能使得用户可以通过 API 调用方式进行三次开发。

（22）集成的宏编程（Macro）功能支持使用 Client Basic 编程语言。

##  6.2　Protel 99 SE 设计基础

### 1. 电路设计与制板概念

电路设计与制板是指实现一个电子产品从设计构思、电学设计到物理结构设计、电路板实物制作的全过程，大致过程如图 6-1 所示。Protel 99 SE 主要承担前半部分电路板设计的工作。

图 6-1　电路设计与制板全过程

PCB 印制电路板的制作材料主要是绝缘材料、金属铜及焊锡等。一般来说，可分为单面板、双面板和多层板。

（1）单面板是一面敷铜，另一面没有敷铜的电路板。单面板只能在敷铜的一面放置元件和布线,适用于简单的电路板。

(2)双面板包括顶层(top layer)和底层(bottom layer)两层,两面敷铜,中间为绝缘层,两面均可以布线,一般需要由过孔或焊盘连通。双面板可用于比较复杂的电路,是比较理想的一种印制电路板。

(3)多层板一般指3层以上的电路板。它在双面板的基础上增加了内部电源层、接地层及多个中间信号层。随着电子技术的飞速发展,电路的集成度越来越高,多层板的应用也越来越广泛。但由于多层电路板的层数增加,给加工工艺带来了难度,同时制作成本也很高。

PCB印制电路板常用的几个基本概念介绍如下。

(1)层:这是印制板材料本身实实在在的铜箔层。

(2)铜膜导线:导线,是敷铜经腐蚀后形成的,用于连接各个焊盘。印制电路板的设计都是围绕如何布置导线来完成的。

(3)焊盘:放置、连接导线和元件引脚。

(4)过孔:连接不同板层间的导线,实现板层的电气连接。分为穿透式过孔,半盲孔,盲孔三种。

(5)助焊膜:涂于焊盘上用于提高焊接性能的一层膜,也就是在印制板上比焊盘略大的浅色圆。

(6)阻焊膜:为了使制成的印制电路板适应波峰焊等焊接形式,要求印制电路板上非焊盘处的铜箔不能粘焊,因此在焊盘以外的各部位都要涂覆一层涂料,用于阻止这些部位上锡。

**2. 启动 Protel 99 SE**

启动 Protel 99 SE 非常简单,运行 Protel 99 SE 的执行程序就可以了,其执行程序的快捷方式一般在桌面、开始菜单、程序菜单位置都可以找到。正常启动后的 Protel 99 SE 界面如图 6-2 所示。

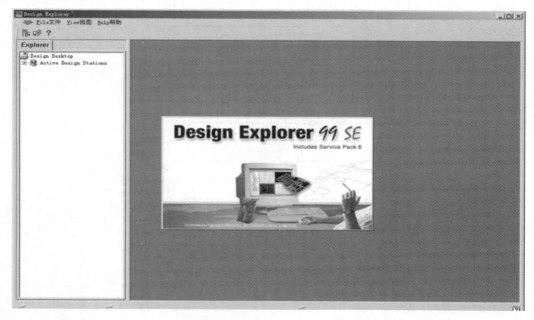

图 6-2 Protel 99 SE 主窗口

### 3. 新建设计数据库文件

启动 Protel 99 SE 后就要建立一个 ddb 设计文件，因为使用 Protel 99 SE 进行电路原理图设计、PCB 设计以及其他的设计文档，都存放在一个统一的 ddb 数据库中的。只是在设计的不同阶段会调用不同的服务器来完成设计，生成的各种文档均保存在这个项目数据库中统一管理。在整个电路图设计的第一步就是创建这个项目的数据库。

打开 Protel 99 SE 后，选择【File】/【New…】命令，如图 6-3 所示，系统将弹出如图 6-4 所示的 Protel 99 SE【New Design Database】对话框。

图 6-3  新建文件命令

图 6-4  新建设计数据库对话框

完成文件名的输入、路径的选择后，单击【OK】按钮，完成创建设计数据库操作，进入如图 6-5 所示的项目管理器窗口。

新建好 ddb 文件后，我们就可以在 Documents 目录下创建需要的原理图、PCB 图、元件符号、元件封装等所有设计文档了。具体操作为：选中左侧【Explorer】栏中的【音频功率放大器. ddb】，随后单击右侧【Documents】文件夹，最后选择【File】/【New…】命令，如图 6-6 所示。

然后弹出【New Document】对话框，如图 6-7 所示，设计人员可以选择需要建立的文档的类型。

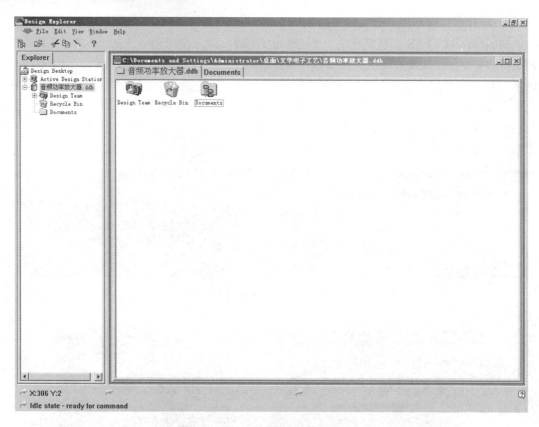

图 6-5 Protel 99 SE 项目管理器窗口

图 6-6 创建设计文件

图 6-7 【New Document】对话框

 ## *6.3* 电路原理图设计

电路原理图设计不仅是整个电路设计的第一步,也是电路设计的基础。由于以后的设计工作都是以此为基础的,因此电路原理图设计的好坏直接影响到以后的设计工作。电路原理图的设计过程一般可以按如图 6-8 所示的流程图进行。

图 6-8 电路原理图的设计流程图

(1) 设计图纸参数:进入 Protel 99 SE 的 Schematic 后,首先要构思好元件图,设置合适的图纸大小是设计好原理图的第一步。图纸大小设定好后,需要设置格栅大小和光标类型等参数。实际操作中,大多数参数可以使用系统默认值。

（2）放置元件：用户根据电路图的需要，将元件从元件库里取出放置于图纸上，并对放置元件的序号、元件封装、元件参数等进行定义和设定工作。

（3）原理图布线：利用 Protel 99 SE 中 Schematic 提供的各种工具，将图纸上的元件用具有电气意义的导线、符号连接起来，构成一个完整的原理图。

（4）调整：将初步绘制好的电路图作进一步的调整和修改，使得原理图更加美观。

（5）报表输出：通过 Protel 99 SE 中 Schematic 提供的各种报表工具生成各种报表，其中最重要的报表是网络表，通过网络表为后续的电路板设计作准备。

## 6.3.1 新建原理图文件

### 1. 新建原理图文件

具体操作步骤如下。

（1）选择【File】/【New…】命令，弹出【New Document】对话框。

（2）在【New Document】对话框中选择【Schematic Document】图标，单击【OK】按钮。

（3）在【Documents】标签页（所有的设计文档都放在其中）中，将【Sheet1. Sch】文件重命名为【30wOCL1. Sch】，如图 6-9 所示。

**图 6-9　新建原理图文档**

新建好原理图文档后，双击该图标即可呈现如图 6-10 所示的界面。

### 2. 主工具栏、浮动工具栏具体功能介绍

主工具栏、浮动工具栏的主要功能介绍如图 6-11 和图 6-12 所示。

本节实例 OCL 功率放大器电路原理图如图 6-13 所示。

## 6.3.2 原理图参数的设置

在原理图界面，选择【Design】/【Option】命令，或者右击，在弹出的快捷菜单中选择【Document Options】，打开如图 6-14 所示的【Document Options】对话框来设置图纸属性。

其中，【Sheet Options】选项卡的常用功能介绍如下。

（1）图纸大小设置在【Standard Style】中选择。

（2）设定图纸方向在【Orientation】中选择【Landscape】（纵向），或【Portrait】（横向）。

（3）设置标题栏类型在【Title Block】中选择【Standard】（标准模式）或【ANSI】（美国国家标准协会模式）。

（4）通过【Show Reference Zone】复选框来设置是否显示参考边框。

（5）通过【Show Border】复选框来设置是否显示图纸边框。

**图 6-10　原理图编辑器工作界面**

**图 6-11　主工具栏功能介绍**

（6）在【Border】中设置边框颜色，在【Sheet】中设置工作区颜色。

（7）【Grids】选项组用于设置图纸栅格尺寸，捕获栅格是指光标移动一次的步长；可视栅格指的是图纸上实际显示的栅格之间的距离；电气栅格指的是自动寻找电气节点的半径范

图 6-12　电器连接浮动工具箱与绘图浮动工具箱

图 6-13　OCL 功率放大器电路原理图

围。【Snap】用于捕获栅格的设定;【Visible】用于可视栅格的设定,此项只影响视觉效果,不影响光标的位移量。

(8) 设置自动寻找电气节点。【Electrical Grid】选项组用于电气栅格的设定,选中【Enable】复选框后,在画导线时,系统会以【Grid】中设置的值为半径,以光标所在的点为中

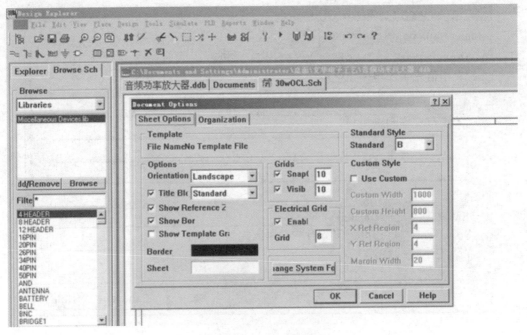

图 6-14　图纸参数设置

心，向四周搜索电气节点，如果在搜索半径内有电气节点，系统会将光标自动移到该节点上，并且在该节点上显示一个圆点。

（9）更改系统字形，可单击【Change System Font】按钮。

选中如图 6-15 所示【Document Options】对话框中【Sheet Options】选项卡右侧的【Organization】选项卡，在其中可设置图纸信息，主要设置选项如下。

（1）【Organization】栏用于填写设计者公司或单位的名称。

（2）【Address】栏用于填写设计者公司或单位的地址。

（3）【Sheet】栏中，【No.】用于设置原理图的编号；【Total】用于设置电路图总数。

（4）【Document】栏中，【Title】用于设置本电路图的名称；【No.】用于设置图纸编号；【Revision】用于设置电路设计的版本或日期 。

### 6.3.3　放置元件(元件符号)

参数设定好了就可以开始在电路原理图中放置元件了。要放置元件，就必须知道元件所在的库并从中取出或者自行制作原理图元件，本节只介绍从元件库取出元件的方式，自行制作原理图元件可参考相关书籍。

**1. 将所用元件的库文件载入到设计管理器中**

（1）打开设计管理器，选择【Browse Sch】选项卡，单击【Add/Remove】按钮添加元件库。如图 6-16 所示。

（2）在 Protel 99 SE 提供的【Design Explorer 99 SE】/【Library】/【Sch】文件夹以及自制的库文件夹下选中元件库文件，然后双击鼠标或单击【Add/Remove】按钮，将元件库文件添加到库列表中，添加库后单击【OK】按钮结束添加工作，此时元件库的详细信息将显示在设计管理器中。

（3）如果要删除设置的元件库，可在【Browse】栏的库文件列表中选中元件库，然后单击

图 6-15　图纸信息设置

【Add/Remove】按钮移去元件库。

图 6-16　添加/删除元件库

### 2. 放置元件(元件符号)

常用元件的放置方法有两种,一种是通过元件库浏览器放置,另一种是通过菜单放置。对器件不熟悉的初学者可选择第一种方法。

1）方法 1：通过元件库浏览器放置元件

装入元件库后，在元件库浏览器中可以看到元件库、元件列表及元件外观，如图 6-17 所示。选中所需元件库，则该元件库中的元件将出现在元件列表中，双击元件名称（如 CAP）或单击元件名称后按【Place】按钮，元件以虚线框的形式粘在光标上，将元件移动到合适位置后，再次单击鼠标左键，放置元件，单击鼠标右键退出放置状态。

2）方法 2：通过菜单放置元件

选择【Place】/【Part】命令，屏幕中弹出【Place Part】对话框，如图 6-18 所示，在【Place Part】对话框中各项功能介绍如下。

图 6-17　元件库及元件列表　　　　　图 6-18　放置元件对话框

（1）【Lib Ref】：输入需要放置的元件名称。

（2）【Designator】：输入元件标号。

（3）【Part Type】：输入标称值或元件型号。

（4）【Footprint】：设置元件的封装形式。

### 3. 元件的查找

放置元件时，常需要查找元件，可按元件名查找或者按元件描述查找。本章的实例中常用元件与元件库对应名称表，如表 6-1 所示。

表 6-1　本实例中常用元件与元件库对应名称表

| 常 用 元 件 | 常用元件库名称 |
| --- | --- |
| 电阻 | RES2 |
| 二极管 | DIODE |

| 常用元件 | 常用元件库名称 |
|---|---|
| 电容器/电解电容 | CAP/ELECTRO1 |
| 插座(1~60 芯) | CON1-60 |
| 变压器 | TRANS1/5 |
| 发光二极管 | LED |
| 三极管类 | PNP/NPN |
| 喇叭 | SPEAKER |
| 电位器 | POT1/2 |

**4. 元件的移动、旋转、删除等**

元件放置后,经常需要进行移动、增加、删除、调整形状等操作,一般采取鼠标＋快捷键的方式进行。

1)单个元件的移动

常用的方法是选中要移动的元件,并按住鼠标左键不放,将元件拖曳至要放置的位置。

2)批量移动

先用鼠标左键框选中要移动的元件,再按住鼠标左键不放整体移动到指定位置。

3)元件的旋转

用鼠标左键选中要旋转的元件,并按住左键不放,按空格键可以使该元件按逆时针 90°旋转,按 X 键在水平方向翻转,按 Y 键在垂直方向翻转。

4)元件的删除

要删除某个元件,可用鼠标左键单击要删除的元件,按 Delete 键删除该元件。

5)批量删除

先批量选中,再选择【Edit】/【Clear】命令即可。

## 6.3.4 原理图布线

元件的位置调整好后,即可根据电气连接的要求采用画导线、放置网络标号的方法进行布线了。这两种方法既可选择一种进行,也可以两种方法同时使用。

1)方法 1:用画导线的方法连接

选择电气连接工具箱中的电气连线按钮≈,或在空白区域右击,在弹出的右键菜单中选择【Place Wire】,光标变为"十"字状,系统处于画导线状态。按 Tab 键,弹出如图 6-19 所示的导线属性对话框,可以在其中修改导线的粗细和颜色。

将光标移至所需位置,单击鼠标左键,定义导线起点,将光标移至下一位置,再次单击鼠标左键,完成两点间的连线,单击鼠标右键,结束此条连线。这时仍处于连线状态,可继续进行线路连接,若双击鼠标右键,则退出画线状态。

在连线转折过程中,单击空格键可以改变连线的转折方式,有直角、任意角度、自动走线和45°走线等方式。

在连线中,当光标接近管脚时,必须
等到光标处出现一个圆点(这个圆点代表
电气连接的意义)后单击左键,这条导线
就与管脚之间建立了电气连接。

2)方法2:用设置网络标号的方法连线

(1)首先在相应的元件引脚处画一条
导线。

(2)单击工具栏中【NET】按钮,出现
随光标移动的虚线方框的网络标号。

(3)按 Tab 键设置网络标号属性。

(4)将网络标号放在刚才的导线处,
单击左键确认。

(5)重复(1)~(4)的步骤再将相同的
网络标号放在需要连接的另一处。

图 6-19　导线属性对话框

## 6.3.5　设置元件属性,放置文字说明

放置到工作区的元件都是尚未定义元件标号、标称值和封装形式等属性的,因此必须重
新逐个设置元件的参数。

### 1. 元件属性编辑

元件放置好后,双击元件(或在放置元件时按 Tab 键)可以修改元件属性,屏幕中弹出如
图 6-20 所示的元件属性对话框。

图 6-20 元件属性对话框

其中,【Attributes】(属性)选项卡的
主要内容如下。

(1)【Lib Ref】:元件在库中的名称,
它不显示在图纸上。

(2)【Footprint】:器件的封装形式,
为元件的安装空间尺寸,管脚相对尺
寸等。

(3)【Designator】:元件标号,在原理
图中必须是唯一的。

(4)【Part Type】:元件型号或标称
值,默认值与【Lib Ref】中的元件名称
一致。

其中,(2)~(4)项是我们必须要
填的。

表 6-2　常用元件的封装形式

| 元件封装型号 | 元件类型 | 元件封装型号 | 元件类型 |
|---|---|---|---|
| AXIAL0.2～AXIAL1.0 | 插针式电阻或无极性双端子元件等 | TO-3～TO-220 | 插针式晶体管、FET 与 UJT |
| RAD0.1～RAD0.4 | 插针式无极性电容、电感等 | DIP6～DIP64 | 双列直插式集成块 |
| RB.2/.4～RB.5/1.0 | 插针式电解电容等 | SIP2～SIP20、FLY4 | 单列封装的元件或连接头 |
| 0402～7257 | 贴片电阻、电容等 | IDC10～IDC50P、DBX 等 | 接插件、连接头等 |
| DIODE0.4～DIODE0.7 | 插针式二极管 | VR1～VR5 | 可变电阻器 |
| XTAL1 | 石英晶体振荡器 | POWER4、POWER6、SIPX | 电源连接头 |
| SO-X、SOJ-X、SOL-X | 贴片双排元件 | | |

**2. 元件标号全局修改功能**

当电路中含有大量同种元件，若要逐个设置元件封装，则费时费力，且易造成遗漏。Protel 99 SE 提供了全局修改功能，可以进行批量设置，下面以电阻为例说明批量设置元件封装形式的方法。

双击电阻，屏幕弹出元件属性对话框，单击【Global≫】按钮，出现图 6-21 所示的对话框。图中【Attributes To Match By】栏是源属性栏，即匹配条件，用于设置要进行全局修改的源属性；【Copy Attributes】栏是目标属性栏，即复制内容，用于设置需要复制的属性内容；【Change Scope】（修改范围）下拉列表框用于设置修改的范围。

图 6-21　同种元件属性的批量设置

图中元件的名称为 RES2，元件的封装形式为 AXIAL0.4，在【Attributes To Match By】栏中的【Lib Ref】选项中填入 RES2；在【Copy Attributes】栏中的【Footprint】栏中填入 AXIAL0.4；并单击【OK】按钮，则原理图中所有库元件名为 RES2（电阻）的封装形式全部定义为 AXIAL0.4。

**3. 统一标注元件标号**

元件的标号可以在元件属性对话框中设置，也可以统一标注。统一标注通过选择【Tools】/【Annotate】实现，系统将弹出如图 6-22 所示的对话框。

图 6-22　统一标注元件标号对话框

图 6-22 中的【Annotate Options】下拉列表框共有三项，分别介绍如下。

（1）【All Parts】用于对所有元件进行标注。

（2）【? Parts】用于对电路中尚未标注的元件进行标注。

（3）【Reset Designators】则用于取消电路中元件的标注，以便重新标注。

【Current sheet only】复选框用于设置是否仅修改当前电路中的元件标号。

【Group Parts Together If Match By】栏用于选择元件分组标注，一般取【Part Type】。

【Re-annotate Method】栏用于设置重新标注的方式。

**4. 放置文字说明**

在绘制电路时，通常要在电路中放置一些文字来说明电路，这些文字可以通过放置说明文字的方式实现。

1）放置标注文字

选择【Place】/【Annotation】命令，按 Tab 键，调出标注文字属性对话框，在【Text】栏中填入需要放置的文字（最大为 255 个字符）；在【Font】栏中，单击【Change】按钮，可改变文字的字体及字号,设置完毕后单击【OK】按钮。将光标移到需要放置标注文字的位置,单击鼠标左键放置文字,单击鼠标右键退出放置状态。

2)放置文本框

标注文字只能放置一行,当所用文字较多时,可以采用文本框方式解决。

选择【Place】/【Text Frame】命令,进入放置文本框状态,按 Tab 键,屏幕出现属性对话框,选择【Text】右边的【Change】按钮,屏幕出现一个文本编辑区,在其中输入文字,满一行,回车换行,完成输入后,单击【OK】按钮退出。

### 6.3.6 电气规则检查、生成元件清单、创建网络表

在原理图绘制完成以后,必须对原理图进行一些必要的处理,才能最终制作出印制电路板(PCB),这些处理包括以下三项工作:电气规则检查(ERC),生成元件清单(Bill of Material)和创建网络表(NetList)。

#### 1. 电气规则检查

电气规则检查(ERC)是对已经绘制完成的电路图进行后续处理,以确保原理图绘制软件能够精确地描述所设计的电路,从而生成一个有效的网络表文件(.NET 文件)。通过电气规则检查,不仅可以检查出电气特性上的矛盾,还可以检查出绘图方面的矛盾,如放了一个网络标号(net labels)却没有指定它连接到何处、元件标号(designator)重复等。

若要执行 ERC 检查,可在原理图设计环境下,选择【Tools】/【ERC】命令以打开如图6-23所示的 ERC 检查规则设置对话框。

图 6-23 ERC 检查规则设置对话框

在 ERC 检查规则设置对话框中,可以根据需要对相关项目进行设置。其中,常用项目介绍如下。

➤【Multiple net names on net】:在同一个网络上有多个网络名。

➤【Unconnected net labels】:在图纸上存在有未连接的网络标号。

➤【Unconnected power objects】:图纸上有未连接的电源对象。

➤【Duplicate sheet numbers】:在一个工程中有图纸号重复的图纸。

➤【Duplicate component designators】:图纸上有两个以上的元件有相同的标号。

➤【Bus label format errors】:图纸上有总线标号格式错误。

➤【Floating input pins】:输入引脚悬空。

➤【Suppress warnings】:在报告文件中不出现警告信息。

➤【Create report file】:生成报告文件。

➤【Add error markers】:加上错误标志。

➤【Net Identifier Scope】:该栏用于设置网络标号的有效范围,有三个可选项,分别用于设置网络标识符作用的不同范围。

该选项可以为默认,单击【OK】按钮后,执行 ERC 检查,运行 ERC 检查的结果如下。

(1) 会产生一个文本报告文件(.ERC),如图 6-24(a)所示,该文件指出了当前工程或当前活动图纸上的电气连接及逻辑错误或警告。

(2) 查出错误以后,会自动在出错的地方加上一个标志,以提示错误位置,如图 6-24(b)所示。

(a)ERC 电气规则检查的错误提示

(b)ERC 检查后原理图上的错误提示

**图 6-24 ERC 检查的结果**

再对原理图进行修改后，重新执行 ERC 电气规则检查，直到没有错误出现，如图 6-25 所示，修改后的正确原理图如图 6-26 所示。

图 6-25　ERC 检查没有错误提示

图 6-26　修改后的原理图

### 2. 生成元件清单

元件清单主要包括元件的名称、序号、封装形式。这样可以对原理图中的所有元件有一个详细的清单，以便检查、校对。一般采用 BOM 向导来实现，选择【Report】/【Bill of Material】命令，开始 BOM 向导，如图 6-27 所示。

全部选择默认值，单击【Next】按钮直至 BOM 向导的最后一步，选择报告的输出格式，此时选中【Client Spreadsheet】复选框，将生成 Protel 99 SE 的表格编辑器格式文件，扩展名为 . XLS，输出格式如图 6-28 所示。

### 3. 建立网络表文件

网络表（net list）是电路原理图与设计印制电路板之间联系的纽带，是设计印制电路板的灵魂，是组成一个电路的所有元件和连线的描述集合。生成网络表步骤如下。

（1）选择【Design】/【Create Netlist …】命令，如图 6-29 所示。

（2）执行该命令后，弹出用于控制最终生成的网络表的格式、网络标号的作用范围等设置的对话框，在此仅选择默认选项。单击【OK】按钮，就可以生成一个完整的网络表文件，如

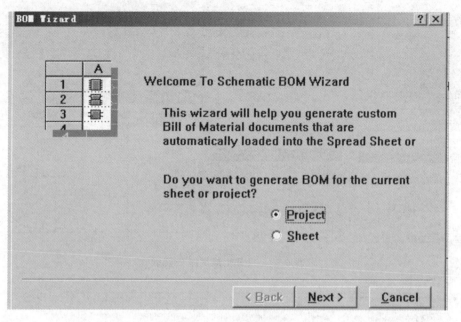

图 6-27　开始 BOM 向导

图 6-28　生成的元件清单列表文件

图 6-30 所示。

　　在上面的网络表文件中主要包含元件的描述信息。其中,第一部分是由方括号括起来

图 6-29　打开生成网络表菜单

图 6-30　生成的网络表文件

的,每一组方括号构成一个独立的部分,它描述了原理图中的某个元件的标号(designator)、封装(footprint)及名称参数(part type)相关信息;第二部分是由圆括号括起来的,每一组圆括号构成一个独立的部分,它描述了原理图中的某个节点的连接情况,即共有多少个元件的引脚及网络标号连到该节点上。

　　网络表文件生成之后,就可以用它来进行印制电路板的设计工作了。

*6.4* 印制电路板(PCB)图的设计

印制电路板又称为 PCB(printed circuit board),简称印制板,是电子产品的重要部件之一。PCB 图的设计可借助 Protel 99 SE 提供的强大功能来实现,其设计流程一般如图 6-31 所示。本节将在第 3 节已完成的电路原理图的基础上阐述如何用 Protel 99 SE 来绘制 PCB 图。

图 6-31    PCB 图的设计流程

**1. 新建 PCB 文件**

在已经建立的 ddb 文件下,单击【Documents】后,选择【File】/【New…】命令,在弹出的【New Document】对话框中选中【Pcb Document】图标,如图 6-32 所示。

图 6-32    新建 PCB 文件对话框

右击文档图标,修改文件名(实例的文件名为 30WOCL1. PCB)。双击图标文件可以打开 PCB 文档编辑器，其主要窗口如图 6-33 所示，从图中可以看出 PCB 的工作界面和原理图的工作界面有很多相似之处。

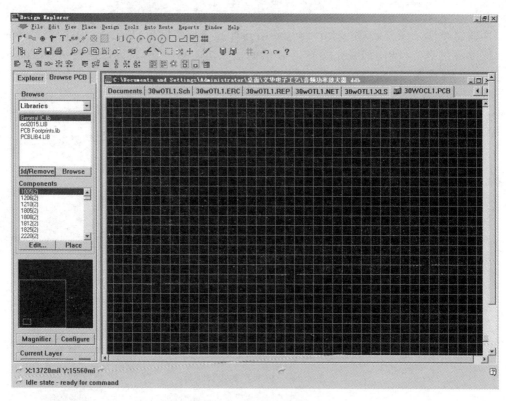

图 6-33　PCB 编辑器的工作界面

### 2. 电路板层面环境参数设置

选择【Design】/【Options…】命令，弹出如图 6-34 所示的【Docuemnt Options】对话框。其中，【Layers】选项卡是对层的管理，是为多层 PCB 设计做准备的，当设计多层电路板时，其层数多，设计区域使用的颜色就多，设计人员需要对某个层的连接进行修改调整时，因颜色杂驳，很不方便操作，可以在【Layers】选项卡中关闭部分不需要操作的层，仅仅留下需要操作的层，这将非常方便用户的修改操作。

【Layers】选项卡分为三个部分。第一部分是电气层的管理，包括了所有的电气布线层（Signal layers、Internal layers）和机械层（Mechanical layers）；第二部分是辅助层；第三部分是 PCB 设计区域内辅助信息显示内容，有电气错误（DRC Errors）、字符显示（Connections）、焊盘和过孔的穿孔（Pad Holes、Via Holes）等，其中设置屏幕大小辅助栅格（两项）很重要，要将此两项都选中（Visible Grid）并将第一个栅格设置为 1 mm，第二个栅格设置为 10 mm，使工作界面的栅格为公制，以便精确移动元件。

在图 6-35 所示的【Options】选项卡中，设置【Measurement Unit】（尺寸单位）下拉菜单为【Metric】（米制），其余选项可使用默认值，设置好后单击【OK】按钮确认。

### 3. 设置设计规则

设计规则在 PCB 的设计中是非常重要的，里面的内容也比较多，需要结合自己的设计经验逐步地全部掌握。选择【Design】/【Rules…】命令，打开【Design Rules】对话框，如图6-36所示。

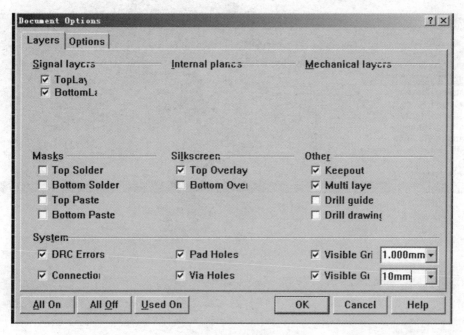

图 6-34 【Layers】选项卡设置

图 6-35 【Options】选项卡设置

【Design Rules】对话框中有 6 个选项卡，分别介绍如下。

（1）【Routing】选项卡：进行布线规则设置，包括安全距离强制设置、允许布线的拐角设置定义（如圆、角、大小等）、某层布线的方向、优先考虑的布线层、布线时的拓扑优化规则、过孔使用、SMD 器件管脚及引线规则、布线宽度规则等；用户根据产品设计需要进行设置。

（2）【Manufacturing】选项卡：包括布线时锐角强制限制、穿孔（焊盘、过孔）内孔（Hole）尺寸及孔环限制、成组层（Layer Pairs）可使用的区域、环型布线设置、电路板电源布线设置、助焊层/阻焊层掩膜设置、测试点的设置和使用规则等。

（3）【High Speed】选项卡：包括这部分主要是针对高频电路的设置操作，当电路板上工

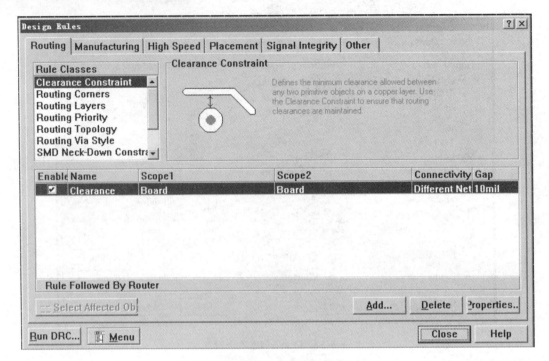

图 6-36　设计规则设置

作的频率很高时,尤其要注意电路板上高频部分的布线,若设置不好,或没有修改好这部分的布线,实际生产出的产品可能无法正常工作。其设置项包括从焊盘到布线间引线长度、连续布线允许最长/最短长度限制、微带线(发射天线、匹配线、耦合线等)布线规则、板上过孔数限制、平行线部分强制约束限制、SMD 器件焊盘使用的过孔尺寸等。

(4)【Placement】选项卡:包括器件安全间距强制限制、器件方向定位限制、网络适用限制、允许布线层(信号线部分)等。

(5)【Signal Integrity】选项卡:基于电路的电气要求的设置部分,应用于对电路的仿真分析,包括信号波形的上升沿、下降沿,阻抗限制,上升、下降沿过冲响应,信号基准电平,激励信号波形参数,信号波形上升、下降沿参数等。

(6)【Other】选项卡:短路限制等。

**4. 设置工作层面颜色**

选择【Tools】/【Preferences…】命令,打开设置对话框,单击【Colors】选项卡,出现如图6-37所示的对话框。颜色一般不必修改,选择默认值即可,但在设计 PCB 时要知道工作在哪个层面,不能混淆。

**5. 装入元件封装库**

在屏幕左边的资源管理器窗口中选择【Browse PCB】选项卡后,在【Browse】栏的下拉菜单中选择【Libraries】(封装库),再单击下面的【Add/Remove】按钮进入封装库管理操作,或者直接选择【Design】/【Add/Remove Library…】操作,执行命令后,可以开始封装库的添加和删除操作,其方法和原理图库的操作相同,如图 6-38 所示。

**6. 规划 PCB 电路板尺寸和布线区域**

电路板大小的设置是在 Keep Out Layer 层面上绘制 PCB 板的实际大小,利用尺寸工具

图 6-37 工作层面颜色设置界面

图 6-38 元件封装库的加载

来放置实际线段,将布线区域确定好,如图 6-39 所示。

图 6-39　已确定好的尺寸与布线区域

**7. 加载网络表**

选择【Design】/【Load Nets…】命令，进入网络表的加载操作，如图 6-40 所示。

图 6-40　网络表的加载菜单

在弹出的【Load/Forward Annotate Netlist】对话框中单击【Browse…】按钮，在弹出的

【Select】对话框中选中网络表,如图 6-41 和图 6-42 所示。

图 6-41　加载网络表对话框

图 6-42　选中要加载的网络表文件

　　加载网络表后出现错误提示对话框的实例如图 6-43 所示。

　　当加载网络表对话框中没有错误提示(如图 6-43 中显示 All macros validated)时才能单击【Execute】按钮加载网络表,否则必须根据提示修改错误。如图 6-44 所示是在 PCB 的编辑窗口加载网络表后的元器件封装以及由网络表所产生的浅蓝色飞线,是其电器元件的网络连线,只起提示作用,没有实际电气连接的意义。

图 6-43　加载网络表后出现错误提示对话框的实例

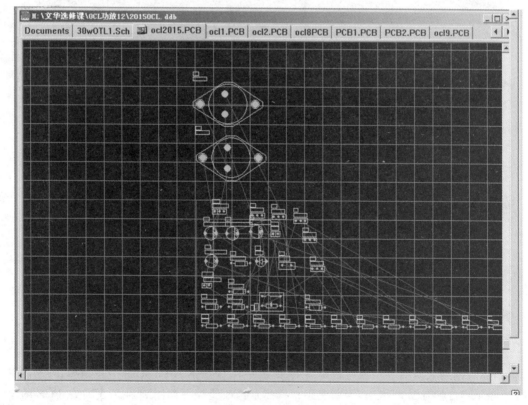

图 6-44　成功加载网络表的实例

142

### 8. 元件布局

在 PCB 设计中,元件的布局非常重要。Protel 99 SE 软件具备自动布局的功能,但建议用户还是自己布局,软件布局有两个最大的缺陷使布局无法满足用户要求:一是软件布局时对器件位置的考虑仅仅是器件相互的关系概率,而无法综合分析;另外一个更麻烦的缺陷是产品对某些器件位置是有特殊定位要求的,而软件不会考虑这些需求的,并且软件布局耗费的时间很长,所以建议直接采取手工布局的方式。

在布局处理中,需要综合考虑器件位置的布置,需要建立很强的空间思维能力,每个器件位置的确定,既要与已经放置好的器件处理好相互的关系,还需要为后续的器件预备好位置和空间。主要需要考虑以下两个重要因素。

(1) 电路中"电信号"的流向,也就是考虑器件间前后的相互关系,在处理器件位置时注意不要让"信号"有回流的现象,这既是 PCB 设计的要求,也是产品电信号的要求。

(2) 电路中的"中心"器件,在全局电路中,一般总有一个或几个主要的器件,在局部电路中,也总会有一个中心器件。例如,嵌入式电路中的嵌入式 CPU 集成电路等,放大电路中的运算放大器等,其他的器件都是围绕这些器件的,这些局部电路的布局就形成了中心围绕的方式——小岛,在布局中尽量不要打乱这些器件的相互关系。

复杂产品设计时,应该综合使用上述两个方式对电路进行布局操作,完成基本布局操作后,对当前电路的布局状态进行布线密度分析,布线密度小的区域可以适当将器件调整紧一些,而把布线密度大的区域调松一些,以保障密度大的区域能轻松布线。

布局的操作诸如移动、翻转、整体移动、放大、缩小、删除等与原理图的元件布局操作一样,在此不再累述。如图 6-45 所示的是手动布局后的 PCB 图。

图 6-45　完成手动布局后的实例

### 9. 自动布线,手动调整

Protel 99 SE 提供的自动布线方式灵活多样,根据要求可以对整块电路板进行全局自动布线,也可以对指定区域、网络、元件、连线进行布线。本章实例自动布线的结果如图 6-46

所示。

**图 6-46  完成自动布线后的实例**

完成自动布线后，从图 6-46 中可以看出自动布线的结果是疏密不均、线路凌乱，图 6-47 是通过手工调整修改后合格的 PCB 图，区别很大。因此大家要重点训练自己的手动布线能力，在进行了多次熟练的手工布线后再尝试自动布线，才能设计出合格的 PCB 电路板。

##  6.5  自制元件符号和元件封装

Protel 99 SE 提供了丰富的元件符号和元件封装，可以在元件库中查找，也可以在不断更新的 Protel 官网下载，但是任何一个电路绘图软件，不可能把目前所有的电子元件都收集在自己的元件库里，这就意味着在实际绘图中，自己需要的元件在 Protel 自带的元件库里是找不到的，需要自己制作元件。

自制元件的要点如下。

(1) 自制元件最重要的是：自制的原理图元件必须对应自制的 PCB 图元件，可以用同步器进行同步设计和网络布线。

(2) 对于 Protel 自带的库元件，不要去修改和删除，只进行参考或复制，参考和复制 Protel 自带的库元件是快速掌握自制元件的方法之一。

(3) 自制元件，要在自己新建的库文件里制作，不要在 Protel 自带的元件库里制作，自己新建的元件库分类一定要细，可以把原理图元件符号库和 PCB 图元件封装库分为阻容元件、CMOS、TTL、电源 IC、接插件、晶体管等库文件，分类越细，查找元件越方便，自制元件是提高电路绘图速度最有效的方法之一。

(4) 自制元件不可能一次就把自己需要的元件全部做完，每次绘图，差什么元件就做什

**图 6-47 完成手工布线合格的 PCB 图**

么元件，日积月累，自己的库文件就很丰富了，从而为今后的快速绘图打下良好的基础。

本节将以自制一个开关电位器的实例来介绍元件符号和元件封装的制作，此开关电位器可用在本章实例 OCL 功率放大器中。

## 6.5.1　自制元件符号

自制原理图元件符号的一般步骤如图 6-48 所示。在这里以开关电位器为例来阐述原理图元件符号的自制过程。

**1. 创建原理图库文件**

在当前设计管理器环境下，选择【File】/【New…】命令，在弹出的【New Document】对话框中双击【Schematic Library Document】图标，如图 6-49 所示，创建一个新的原理图库文件，并将其重命名为【我的元件库.Lib】，如图 6-50 所示。

双击【我的元件库.Lib】文件可以进入原理图库文件的设计界面，如图 6-51 所示。原理图库文件的设计界面与原理图设计界面相似，主要由设计管理器、主工具栏、菜单、常用工具栏、编辑器等组成，不同的是在工作平面区有一个十字坐标轴，将元件的编辑区分为四个象限。象限的定义和数学上的定义相同。一般我们在第四象限进行元件的编辑工作。

单击图 6-51 中左侧的【Browse SchLib】选项卡，即可见元件管理区有四个区域：Components、Group、Pins、Mode，其主要功能如图 6-52 所示。

**2. 新元件重命名**

在进行绘制元件图前，一般先重名新元件，选择【Tools】/【Remove Component】命令即可弹出如图 6-53 的对话框。

图 6-48　自制元件符号的流程

图 6-49　双击新建原理图库文件

图 6-50　重命名原理图库文件

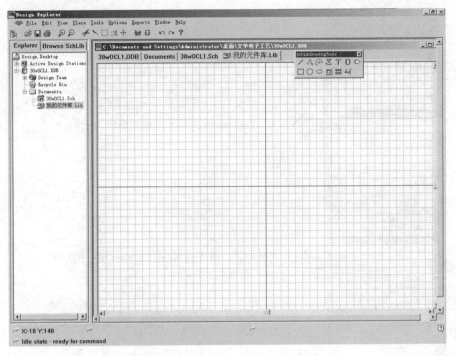

**图 6-51　原理图库文件管理器主页面**

### 3. 绘制元件外形

元件的外形绘制常用画图工具栏中的功能来完成,画图工具栏的图标与功能的对应如表 6-3 所示。

**表 6-3　画图工具栏图标功能**

| 图标 | 功能 | 图标 | 功能 | 图标 | 功能 |
|---|---|---|---|---|---|
| / | 画直线 | | 新建元件 | ○ | 绘制椭圆 |
| | 画曲线 | | 新建功能单元 | | 粘贴图片 |
| | 画椭圆线 | | 绘制矩形 | | 阵列式粘贴 |
| | 画多边形 | | 绘制圆角矩形 | | 放置管脚 |
| T | 放置文字 | | | | |

元件外形图的绘制操作比较简单,但需要足够的细心,在此仅给出绘制好的开关电位器的外形图,如图 6-54 所示。

### 4. 放置管脚并设置管脚属性

给绘制好的外形图放置管脚,单击工具栏中的放置管脚工具按钮 ,并定义每个管脚的名称及序列号。具体操作与 6.3 节原理图设计中的设置元件属性一样,请自行参照前面

Components区：用于选择要编辑的元件。

Group区：用于列出与Components区中选中元件的同组元件。

Pins区：用于列出在Components区中选中元件的管脚。

Mode区：用于显示元件的三种不同模式，即Normal、De-Morgan和IEEE模式。

**图 6-52　原理图库文件管理器功能**

章节。已完成管脚放置与属性设置的开关电位器如图 6-55 所示。

**5. 保存库文件**

如果需要新制作元件符号，只需重复上述步骤即可。

## 6.5.2　自制元件封装

针对自制 PCB 元件封装，Protel 99 SE 提供了 2 种方法来实现，一是手工创建，二是利用向导创建。通过手工创建元件封装，实际上就是利用 Protel 99 SE 提供的绘图工具，按照实际的尺寸绘制出该元件封装。这里的绘图工具用于绘制各种图元，如线段、圆弧等。其各个按钮的功能，与 PCB 设计系统中所介绍的绘图工具完全相同。自制元件封装的流程如图 6-56 所示。

在这里通过手工创建开关电位器封装为例来阐述 PCB 元件封装的过程。

**1. 创建 PCB 元件封装库文件**

选择【File】/【New…】，选中【PCB Library Document】图标，单击【OK】按钮，创建一个新的 PCB 元件封装库文件，如图 6-57 所示。然后重命名该文件为【我的封装库.LIB】，如图 6-58 所示。双击该文件即可进入库文件的编辑界面，如图 6-59 所示。

图 6-53　新元件重命名对话框

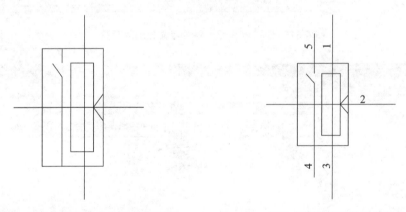

图 6-54　绘制完成的开关电位器外形图　　图 6-55　已完成管脚设置的开关电位器元件

### 2. 重命名要绘制的元件封装

在进行元件封装绘制前，一般先重名新元件，选择【Tools】/【Remove Component】命令即可弹出如图 6-60 所示的对话框。

### 3. 放置管脚焊盘，设置管脚焊盘间的相互距离

自制元件封装，最重要的是画出的元件要和实际的元件大小一致，否则做出来的 PCB板就插不上元件。每个管脚焊盘之间的距离就是实际元件的管脚距离。我们可以使用 ◉ 工具放置一个或多个焊盘，然后使用放置尺寸工具 ✎ 来设置焊盘间的相互距离，如图 6-61

图 6-56　自制元件封装的流程

图 6-57　创建 PCB 元件封装库文件的对话框

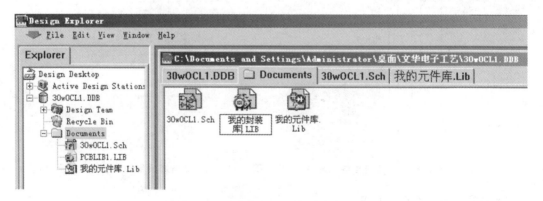

图 6-58　重命名 PCB 元件封装库文件

所示。

### 4. 绘制元件封装图形

元件封装图形的绘制必须在 TopOverLayer 顶层丝印层进行，在绘制时一定要在封装库编辑器的中心画出元件封装，否则画出来的封装在 PCB 编辑器中就会出现元件难以布局的困扰。

图 6-59　元件封装库文件编辑界面

图 6-60　新元件封装重命名对话框

先将工作层切换到 TopOverLayer 顶层丝印层,选择【Place】/【Track】命令后开始绘制元件封装外形。绘制好的开关电位器元件封装如图 6-62 所示。

### 5. 保存库文件

如果需要制作新元件封装,只需重复上述步骤即可。

图 6-61　设置管脚焊盘间距

图 6-62　开关电位器元件封装

## 6.6　印制电路板的制作

### 1. PCB 制造方法

PCB 图绘制完成后,即可开始制作 PCB 实物板,PCB 实物板的制作方法如下。

(1) 减成法,是指在敷铜板上,通过光化学法,网印图形转移或电镀图形抗蚀层,然后蚀刻掉非图形部分的铜箔或采用机械方式去除不需要部分而制成印制电路板 PCB。现今大多制板厂的 PCB 制造方法都为 PCB 减成法。减成法根据工艺不同又分为以下两种。

① 蚀刻法:化学方法(最主要的制作方法)。

② 雕刻法:机械方法(单件制作,快速)。

(2) 加成法,是指在未敷铜箔的基材上,有选择地沉积导电材料而形成导电图形的印制板 PCB。目前此方法在国内并不多见。

### 2. PCB 制造工艺流程

电路板分为单面板、双面板和多面板,它们的制造工艺也不尽相同,在此仅大致描述各种板的制造工艺流程。

1）单面板制造工艺流程

敷铜板下料→表面去油处理→上胶→曝光→显影→固膜→修板→腐蚀→去除保护膜→孔加工→成形→印标记→涂助焊剂→检验→成品。

2）双面板制造工艺流程

敷铜板下料→孔加工→化学沉铜→电镀铜加厚→贴干膜→图形转移（曝光、显影）→二次电镀铜加厚→镀铅锡合金→去除保护膜→腐蚀→镀金（插头部分）→成型热熔→印标记→涂助焊剂→检验→成品。

3）多层板制造工艺流程

内层材料处理→定位孔加工→表面清洁处理→制内层走线及图形→腐蚀→层压前处理→外、内层材料层压→孔加工→孔金属化→制外层图形→镀耐腐蚀可焊金属→去除感光胶→腐蚀→插头镀金→外形加工→热熔→涂焊剂→成品。

### 3. PCB 互联方式

在实际制作的 PCB 实物板中，因为设计的原因，PCB 之间需要互联，一般来说，互联的方式采用焊接、插座等方式来实现。

（1）焊接方式：包括导线焊接、排线焊接、印制板之间的直接焊接等。

（2）印刷板/插座方式：在印制板边缘做出印刷插头，与专用印制板插座相配。

（3）插头/插座方式，具体如下。

① 条形：连接线从两根到十几根不等。多用于对外连接线较少的情况，如计算机中的电源线、CD-ROM 音频线。

② 矩形连接器：从 8 根到 60 根不等，插头采用扁平电缆压接方式，多用于连接线多且电流不大的地方，如计算机中的硬盘、软驱、光驱的信号线。

③ D 形连接器：用于对外移动设备的连接（要求有可靠的定位和紧固），如计算机的串、并口对外连接等。

④ 圆形连接器：专用部件，如计算机的键盘、鼠标等。

### 4. 自己动手制作单面板

这种方法常用于科研、电子设计比赛、电子课程设计、毕业设计、创新制作等环节。它具有成本低廉、制作速度快等特点，可满足一般设计需求。

制作的具体步骤如如图 6-63 所示。

（1）下料：按照实际设计尺寸用裁板机裁剪覆铜板，去除四周毛刺。

（2）打印：将设计好的印制电路板布线图通过激光打印机打印到热转印纸上。该步骤需要注意的是：布线图应该镜像打印；认真检查打印后的线路是否存在断线，若有断线就要重新打印。

（3）转印：该步骤是将热转印纸上的 PCB 图形转移到覆铜板上。其操作方法如下：将打印好的热转印纸覆盖在覆铜板上，送入 165 ℃热转印机转印，使墨粉完全吸附在覆铜板上。必须待覆铜板冷却后再揭去热转印纸。

（4）检查、修板：看覆铜板热转印效果，是否存在断线或沙眼，若存在，用油性笔进行描修。

（5）蚀刻：将描修好的印制电路板完全浸没到环保蚀刻溶液中。

（6）观察：注意观察蚀刻进程。

（7）水洗：把蚀刻好的印制板放在流水中清洗残留的溶液。

（8）钻孔：对印制板上的焊盘孔、安装孔、定位孔进行机械加工。钻孔时应注意钻床转速应取高速，进刀不宜过快，以免将铜箔挤出毛刺。

图 6-63　单面 PCB 板制作步骤

（9）清除油墨层：用水磨砂纸在水中打磨去除油墨，露出铜的光亮本色。

（10）涂助焊剂：立即涂助焊剂（可用已配好的松香酒精溶液）。助焊剂可以保护焊盘不被氧化，并有利于焊接。

# 思　考　题

1. Protel 99 SE 的操作有哪些方式？

2. 什么是元件封装，其与元件是什么关系？

3. 原理图网络表中，各项内容的含义？怎样利用网络表检查自己的设计？

4. 在原理图中，器件正确地设置了封装，器件的引脚也正确地连接了，但 PCB 中该器件的管脚却没有网络连接，是什么问题？怎样解决？

5. 在自动 PCB 设计中，加载网络表后，出现错误，怎样解决？

6. 试述 Protel 99 SE 设计印制电路的基本步骤。

7. 在 PCB 布局中，应该注意哪些问题？

8. 对于复杂 PCB，为什么需要在自动布线后进行手工修改？

9. 元件封装的制作要点有哪些？

10. 请详细介绍原理图符号库的制作步骤。

# 第⑦章 电子产品检测技术

以电子线路为基础的各种电子产品及装置,在安装完成后一般必须进行调试,才能正常工作。在调试过程或使用中往往会出现各种电路故障,必须经过检查,查出故障后才能排除。所以调试和检查是保证电子产品正常工作的基本环节,也是基本要求。

如图 7-1 所示,调试与检测技术通常包括电子产品的生产和研制工作中的调整、测试、检验、维修等多项工作。对于生产过程而言,这些工作处于不同工序和不同生产环节。另外,对电路原理的理解和分析,对电子测量技术和相应仪器仪表设备的掌握以及安全防护都有共同的要求。

图 7-1  电子产品调试流程

 ## 7.1  故障检测的常用方法

采用适当的方法,查找、判断和确定故障具体部位及其原因,是故障检测的关键。下面介绍的各种故障检测方法,是长期实践中总结归纳出来的行之有效的方法。具体应用中还要针对具体的检测对象,灵活加以运用,并不断总结适合自己工作领域的经验方法,才能达到快速、准确、有效排查故障的目的。

### 7.1.1  观察法

观察法是通过人体感觉发现电子线路故障的方法。这是一种最简单、最安全的方法,也是各种仪器设备通用的检测过程的第一步。

观察法又分为静态观察法和动态观察法两种。

**1. 静态观察法**

静态观察法又称为不通电观察法。在电子线路通电前主要通过目视检查找出某些故障。实践证明,占电子线路故障相当比例的焊点失效,导线接头断开,电容器漏液或炸裂,接插件松脱,电接点生锈等故障,完全可以通过观察发现,没有必要对整个电路进行全面检查,导致故障升级。

静态观察,要先外后内,循序渐进。打开机壳前先检查电器外表,有无碰伤,按键、插口、电线、电缆有无损坏,保险是否烧断等。打开机壳后,先查看机内各种装置和元器件,有无相碰、断线、烧坏等现象,然后用手或工具拨动一些元器件、导线等进行进一步检查。对于试验电路或样机,要对照原理图检查接线有无错误,元器件是否符合设计要求,IC管脚有无插错方向或折断、折弯,有无漏焊、桥接等故障。

当静态观察未发现异常时,可以进一步用动态观察法检查。

**2. 动态观察法**

动态观察法也称通电观察法,即给线路通电后,运用人体视觉、嗅觉、听觉、触觉检查线路故障。

通电观察,特别是较大设备通电时尽可能采用隔离变压器和调压器逐渐加电,防止故障扩大。一般情况下还应通过仪表(如电流表、电压表等)监视电路状态。

通电后,眼要看电路内有无打火、冒烟等现象;耳要听电路内有无异常声音;鼻要闻电器内部有无炼焦味;手要摸一些管子、集成电路等是否烫手,如有异常发热现象,应立即关机。

### 7.1.2 测量法

测量法是故障检测中使用最广泛、最有效的方法。根据检测的电参数特性的不同又可分为电阻法、电压法、电流法、逻辑状态法和波形法等。

**1. 电阻法**

电阻法是各种电子元器件和电路的基本特征,利用万用表测量电子元器件或电路各点之间电阻值来判断故障的方法称为电阻法。

测量电阻值,有在线和离线两种基本方式。

在线测量,需要考虑被测元器件受其他并联支路的影响,测量结果应对照原理图分析判断。

离线测量,需要将被测元器件或电路从整个电路或印制电路板上脱焊下来,操作较麻烦,但结果准确可靠。

用电阻法测量集成电路,通常先将一个表笔接地,用另外一个表笔测各引脚对地电阻值,然后交换表笔再测一次,将测量值与正常值进行比较,相差较大者往往是故障所在(不一定是集成电路坏了)。

电阻法对确定开关、接插件、导线、印制电路板导电图形的通断,以及电阻器的变质、电容器短路、电感线圈短路等故障非常有效而且快捷,但对晶体管、集成电路以及电路单元来说,一般不能直接判定故障,需要进行分析或兼用其他方法。但由于电阻法不用给电路通电,可以将检查风险降到最小,故一般检查首先采用该方法。

注意:(1) 使用电阻法时应在线路断电、大电容放电的情况下进行,否则不仅结果不准确,还可能损坏万用表。

(2) 在检测低电压供电的集成电路(小于 5 V)时避免用指针式万用表的 10 k 档。

(3) 在线测量时应将万用表表笔交替测试,对比分析。

**2. 电压法**

电子线路正常工作时,线路各点都有一个确定的工作电压,通过测量电压来判断故障的方法称为电压法。

电压法是通电检测手段中最基本、最常用的方法。根据电源性质又分为交流和直流两种电压测量。

1）交流电压测量

一般电子线路中交流回路较为简单，对于 50 Hz 市电升压或降压后的电压只需使用普通万用表选择合适 AC 量程即可，测高压时要注意安全并养成单手操作的习惯。

对于非 50 Hz 的电源，如变频器输出电压的测量就要考虑所用电压表的频率特性，一般指针式万用表为 45～2 000 Hz，数字万用表为 45～500 Hz，超过范围或非正弦波测量结果都不正确。

2）直流电压测量

检测直流电压一般分为以下三步。

（1）测量稳定电路输出端是否正常。

（2）各单元电路及电路的关键点，如放大电路输出点、外接部件电压端等处电压是否正常。

（3）电路中主要元器件，如晶体管、集成电路等各管脚电压是否正常，对集成电路首先要测电源端。

比较完善的产品说明书中应该给出电路各点的正常工作电压，有些维修资料中还提供集成电路各引脚的工作电压。另外，也可以对比正常工作的同种电路测得各点电压。偏离正常电压较多的部位或元器件，往往就是故障所在部位。

这种检测方法，要求工作者具有电路分析能力并尽可能收集相关电路的资料数据，才能达到事半功倍的效果。

**3．电流法**

电子线路正常工作时，各部分工作电流是稳定的，偏离正常值较大的部位往往是故障所在。这就是用电流法检测线路故障的原理。

用电流法有直接测量和间接测量两种方法。

（1）直接测量法就是将电流表直接串接在欲检测的回路测得电流值的方法。这种方法直观、准确，但往往需要对线路做"手术"，如断开导线、脱焊元器件引脚等，才能进行测量，因而不大方便。对于整机总电流的测量，一般可通过将电流表两个表笔接到开关上的方式测得，对使用 220 V 交流电的线路必须注意测量安全。

（2）间接测量法实际上是用测量电压的方法换算成电流值。这种方法快捷方便，但如果所选测量点的元器件有故障则不容易准确判断。如图 7-2 所示，欲通过测 $R_e$ 的电压降确定三极管工作电流是否正常，如果 $R_e$ 本身阻值偏低较大或 $C_e$ 漏电，都可能引起误判。

采用电流法检测故障，应对被测电路正常工作电流值事先心中有数。一方面大部分线路说明书或元器件样本中都会给出正常工作电流值或功耗值，另一方面通过实践积累可大致判断各

**图 7-2　间接法测电流**

种电路和常用元器件工作电流范围。例如，一般运算放大器、TTL 电路静态工作电流不超过几毫安，CMOS 电路则在毫安级以下等。

**4．波形法**

对于交变信号的产生和处理电路来说，采用示波器观察信号通路各点的波形是最直观、最有效的故障检测方法。波形法应用于以下三种情况。

1）波形的有无和形状

在电子线路中一般对电路各点的波形有无和形状是确定的。如果测得该点波形没有或形状相差较大，则故障发生于该电路可能性较大。当观察到不应出现的自激振荡或调制波形时，虽不能确定故障部位，但可从频率、幅值大小来分析故障原因。

2）波形失真

在放大或缓冲等电路中，若电路参数失配或元器件选择不当或损坏都会引起波形失真，通过观测波形和分析电路可以找出故障原因。

3）波形参数

利用示波器测量波形的各种参数，如幅值、周期、前后沿相位等，与正常工作时的波形参数对照，找出故障原因。应用波形法要注意以下几点。

（1）对电路高电压和大幅度脉冲部位一定要注意不能超过示波器的允许电压范围。必要时采用高压探头或对电路观测点采取分压或取样等措施。

（2）示波器接入电路时其本身输入阻抗对电路有一定的影响，特别是测量脉冲电路时，要采用有补偿作用的10∶1探头，否则观测的波形与实际不符。

**5. 逻辑状态法**

对于数字电路而言，只需判断电路各部位的逻辑状态即可确定电路工作是否正常。数字逻辑主要有高、低两种电平状态，另外还有脉冲串及高阻状态。因而可以使用逻辑笔进行电路检测。逻辑笔具有体积小，携带使用方便的优点。功能简单的逻辑笔可测单种电路（TTL 或 CMOS）的逻辑状态，功能较全的逻辑笔除可测多种电路的逻辑状态，还可定量测脉冲个数，有些还具有脉冲信号发生器作用，可发出单个脉冲或连续脉冲供检测电路用。

## 7.1.3 跟踪法

信号传输电路，包括信号获取（信号产生）、信号处理（信号放大、转换、滤波、隔离等）以及信号执行电路，在现代电子电路中占有很大比例。这种电路的检测关键是跟踪信号的传输环节。具体应用中根据电路的种类可分为信号寻迹法和信号注入法两种。

**1. 信号寻迹法**

信号寻迹法是在输入端直接输入一定幅值、频率的信号，用示波器由前级到后级逐级观察波形及幅值，如哪一级异常，则故障就在该级；对于各种复杂的电路，也可将各单元电路前后级断开，分别在各单元输入端加入适当信号，检查输出端的输出是否满足设计要求。

针对信号产生和处理电路的信号流向寻找信号踪迹的检测方法，具体检测时又可分为正向寻迹（由输入到输出顺序查找）、反向寻迹（由输出到输入顺序查找）和等分寻迹三种。

正向寻迹是常用的检测方法，可以借助测试仪器（如示波器、频率计、万用表等）逐级定性、定量检测信号，从而确定故障部位。如图 7-3 所示的是交流毫伏表的电路框图及检测示意图。我们用一个固定的正弦波信号加到毫伏表输入端，从衰减电路开始逐级检测各级电路，根据该级电路功能及性能可以判断该处信号是否正常，逐级观测，直到查出故障。

显然，反向寻迹检测仅仅是检测的顺序不同。等分寻迹对于单元较多的电路是一种高效的方法。下面以某仪器时基信号产生电路为例说明这种方法。该电路由置于恒温槽中的晶体振荡器产生 5 MHz 信号，经 9 级分频电路，产生测试要求的 1 Hz 和 0.01 Hz 信号，如图 7-4 所示。

电路共有 10 个单元，如果第 9 单元有问题，采用正向法需测试 8 次才能找到。等分寻

图 7-3  用示波器检测毫伏表电路示意图

图 7-4  等分寻迹法检测故障示意图(分频器)

迹法是将电路分为两部分,先判定故障在哪一部分,然后将有故障的部分再分为两部分检测。仍以第 9 单元故障为例,用等分寻迹法测 1 kHz 信号,发现正常,判定故障在后半部分;再测 1 Hz 信号,仍正常,可确定故障在 9、10 单元,第三次测 0.1 Hz 信号,即可确定第 9 单元的故障。显然等分寻迹法效率大为提高。等分寻迹法适用多级串联结构的电路,且各级电路故障率大致相同,每次测试时间差不多的电路。对于有分支、有反馈或单元较少的电路则不适用。

**2. 信号注入法**

对于本身不带信号产生电路或信号产生电路有故障的信号处理电路采用信号注入法是有效的检测方法。所谓信号注入,就是在信号处理电路的各级输入端输入已知的外加测试信号,通过终端指示器(如指示仪表、扬声器、显示器等)或检测仪器来判断电路的工作状态,从而找出电路故障。例如,各种广播电视接收设备、收音机均是采用信号注入法检测的典型。

采用信号注入法检测时要注意以下几点。

(1)信号注入顺序根据具体电路的不同可采用正向、反向或中间注入的顺序。

(2)注入信号的性质和幅度要根据电路和注入点的变化而变化。例如,上例收音机音频部分注入信号,越靠近扬声器的部分需要的信号越强,同样信号注入 B 点可能正常,信号注入 D 点可能会导致信号过强使放大器饱和失真。通常可以估测注入点工作信号作为注入信号的参考。

(3)注入信号时要选择合适接地点,防止信号源和被测电路相互影响。一般情况下可选择靠近注入点的接地点。

(4)信号与被测电路要选择合适的耦合方式。例如,交流信号应串接合适电容,直流信号应串接适当电阻,使信号与被测电路阻抗匹配。

(5)信号注入有时可采用简单易行的方式,如收音机检测时就可用人体感应信号作为注入信号(即手持导电体碰触相应电路部分)进行判别。同理,有时也必须注意感应信号对外加信号检测的影响。

## 7.1.4 替换法

替换法是使用规格性能相同的正常元器件、电路或部件,代替电路中被怀疑有故障的相应部分,从而判断故障所在的一种检测方法,也是电路调试、检修中最常用、最有效的方法之一。实际应用中,按替换的对象不同,有以下三种方法。

### 1. 元器件替换

元器件替换除某些电路结构较为方便外(如带插接件的 IC、开关、继电器等),一般都需拆焊,其操作比较麻烦且容易损坏周边电路或印制板,因此元器件替换一般只作为其他检测方法均难判别时才采用的方法,并且尽量避免对电路板做"大手术"。例如,怀疑某两个引线元器件开路,可直接焊上一个新元件进行试验;怀疑某个电容容量减小可再并上一只电容进行试验。

### 2. 单元电路替换

当怀疑某一单元电路有故障时,另用一台同样型号或类型的正常电路,替换待查机器的相应单元电路,可判定此单元电路是否正常。有些电路有相同的电路若干路,如立体声电路左右声道完全相同,可用于交叉替换试验。当电子设备采用单元电路多板结构时,替换试验是比较方便的。因此,对现场维修要求较高的设备,尽可能采用方便替换的结构,使设备维修性良好。

### 3. 部件替换

随着集成电路和安装技术的发展,电子产品迅速向集成度更高、功能更多、体积更小的方向发展,不仅元器件级的替换试验困难,单元电路替换也越来越不方便,过去十几块甚至几十块电路板的功能,现在用一块集成电路即可完成,在单位面积的印制板上可以容纳更多的电路单元。电路的检测、维修逐渐向板卡级甚至整体方向发展,特别是较为复杂的由若干独立功能件组成的系统,检测时主要采用的是部件替换方法。

部件替换试验要遵循以下三点要求。

(1)用于替换的部件与原部件的型号、规格必须一致,或者是主要性能、功能兼容的,并且能正常工作的部件。

(2)要替换的部件接口工作正常,至少电源及输入接口、输出接口正常,不会使替换部件损坏。这一点要求在替换前分析故障现象并对接口电源进行必要检测。

(3)替换要单独试验,不要一次换多个部件。最后需要强调的是替换法虽是一种常用检测方法,但不是最佳方法,更不是首选方法。它只是在用其他方法检测的基础上对某一部分有怀疑时才选用的方法。对于采用微处理器的系统还应注意先排除软件故障,然后才进行硬件的检测和替换。

## 7.1.5 比较法

有时用多种检测手段及试验方法都不能判定故障所在,并不复杂的比较法却能出奇制胜。常用的比较法有整机比较法、调整比较法、旁路比较法及排除比较法等四种方法。

### 1. 整机比较法

整机比较法是将故障机与同一类型正常工作的机器进行比较,查找故障的方法。这种方法对缺乏资料而本身较复杂的设备,如以微处理器为基础的产品尤为适用。整机比较法是以检测法为基础的。对可能存在故障的电路部分进行工作点测定和波形观察,或者信号监测,比较好坏设备的差别,往往会发现问题。当然由于每台设备不可能完全一致,检测结果还要分析判断,这些常识性问题需要基本理论基础和日常工作的积累。

**2. 调整比较法**

调整比较法是通过调整整机设备可调元件或改变某些现状,比较调整前后电路的变化来确定故障的一种检测方法。这种方法特别适用于放置时间较长,或者经过搬运、跌落等外部条件变化引起故障的设备。正常情况下,检测设备时不应随便变动可调部件。但因为设备受外力作用时有可能改变出厂的整定值而引起故障,因而在检测时在事先做好复位标记的前提下可改变某些可调电容、电阻、电感等元件,并注意比较调整前后设备的工作状况。有时还需要触动元器件引脚、导线、接插件或者将插件拔出重新插接,或者将怀疑有故障的印制板部位重新焊接等,注意观察和记录状态变化前后设备的工作状况,从而发现故障和排除故障。运用调整比较法时最忌讳乱调乱动,而又不作标记。调整和改变现状应一步一步改变,随时比较变化前后的状态,发现调整无效或向坏的方向变化时应及时恢复。

**3. 旁路比较法**

旁路比较法是用适当容量和耐压的电容对被检测设备电路的某些部位进行旁路比较的检查方法,适用于电源干扰、寄生振荡等故障。因为旁路比较实际上是一种交流短路试验,所以一般情况下先选用一种容量较小的电容,临时跨接在有疑问的电路部位和地之间,观察比较故障现象的变化。如果电路向好的方向变化,可适当加大电容容量再试,直到消除故障,根据旁路的部位可以判定故障的部位。

**4. 排除比较法**

有些组合整机或组合系统中往往有若干相同功能和结构的组件,调试过程中发现系统功能不正常时,不能确定引起故障的组件,这种情况下采用排除比较法容易确认故障所在。方法是逐一插入组件,同时监视整机或系统,如果系统正常工作,就可排除该组件的嫌疑,再插入另一块组件试验,直到找出故障。

例如,某控制系统用 8 个插卡分别控制 8 个对象,调试中发现系统存在干扰,采用比较排除法,当插入第五块卡时干扰现象出现,确认问题出在第五块卡上,用其他卡代之,干扰排除。

**注意**:(1) 上述方法是递加排除,显然也可采用逆向方向,即递减排除。

(2) 这种多单元系统故障有时不是一个单元组件引起的,这种情况下应多次比较才可排除。

(3) 采用排除比较法时注意每次插入或拔出单元组件都要关断电源,防止带电插拔造成系统损坏。

 ## 7.2 电子组装检测技术

出现电子线路(PCB)组装技术以来,其技术发展基本上是沿着人工焊接(插装)→自动化插装焊接→表面贴装(混装)这样一个发展历史。PCB 的组装检查技术也随之有着阶段性发展,结合计算机技术、工业仪器仪表通信接口标准的发展,逐步产生相应的检测技术,具体如下。

人工目测→结合仪表或仪器测试→仪表或仪器组合测试(IEE488)→针床式在线测试、

功能测试→飞针在线测试、结构性工艺检测(X光)→自动光学检查等。

## 7.2.1　组装检查的内涵

**1. 组装过程中产生的故障和缺陷检查**

(1) 开路、短路。

(2) 缺件、错件。

(3) 阻容感元件静态参数偏差。

(4) 极性反。

**2. 工艺过程监测**

(1) 焊量不足或过量。

(2) 焊点空洞。

(3) 焊球或锡珠。

(4) 移位。

**3. 组装检查的目的**

(1) 找出存在的故障。

(2) 故障定位。

(3) 诊断。

(4) 分析故障原因。

(5) 减少返修和废品率。

(6) 提高工艺技术水平。

**4. 组装检测要求**

(1) 使用,即识别缺陷的能力。

(2) 准确和精度。

(3) 可靠。

(4) 速度。

(5) 统计分析。

(6) 经济可承受。

任何一种检测技术均不可能完全覆盖PCB组装故障分布情况,在经济条件允许的情况下组合应用多项检测技术能达到或接近95%的组装故障覆盖率。

## 7.2.2　检测技术及其分类

**1. 人工目测**

人工目测(MVI)的优点是灵活。其缺点是:局限于表面故障检查,效率低,一致性差;高劳动强度,易疲劳;故障覆盖率仅为35%左右;主要借助5~40倍放大镜进行高密度、细间距PCB检查工作。

**2. 人工测试**

人工测试的特点是直接得到测试的量化指标,测试速度较快,测试规程较难开发;人员劳动强度大,一致性好,投资成本高,需要配备各种信号源、仪表、仪器;人员素质要求极高,先进的仪表仪器可以组成PCB的功能测试平台,如GPIB,VXI等总线系统。

### 3. 在线测试

在线测试(ICT)的特点是:可测量 PCB 技术性能参数,具有较高的故障定位;具备一定的故障诊断功能,计算机编程,测试速度极快,自动生成统计报告;测试程序开发需要一定的周期,不同产品需要有相应的针床夹具,对设计的可测试性能要求较高。

在线测试在形式上分为针床式和飞针式两类。

(1) 针床式(bed-of-nails)。

测试点的标准间距为 2.54 mm、1.27 mm,最小为 0.63 mm,但在某种程度上与当今 EDA 软件的无网格布线有矛盾。需选配多种样式的探针,并制作相应的针床夹具。能够实现多点电路隔离,功能强大,测试速度快。

(2) 飞针式(flying prober fixtureless tester)。

目前有四针和八针式两类,八针式多用于印制板制造时的光板测试。仅适用于制造故障检测;无须针床夹具、但测试速度慢;测试点最小间距达 0.18 mm;最多两个测试间隔点。

### 4. 自动光学检查

自动光学检查(AOI)在技术上得益于计算机、集成电路、光学图像处理技术的发展。其次,由于 PCB 高密度、超细间距、微型元件的广泛应用,其类型上属于非接触无损检测,分为黑白、彩色两种,用于替代人工目测。

### 5. 自动 X 光检测

自动 X 光检测(AXI)也属于非接触无损检测范畴,但具备对无铅锡合金等重金属的透视能力,对组装和制造而言,其性能及用途上又大致分为两个应用领域:半导体工艺和板级电路组装。

半导体工业使用的 X 光机的分辨率达 20 μm 左右,而板级电路组装能够识别 0.2 mm 间距焊点。

X 光检测技术在板级电路组装的应用仅在 20 世纪 90 年代初期开始实际使用,最早应用于军事电子设备的板级电路制造。后由于电子产品的 PCB 中 PGA、BGA、CSP 等新型封装器件广泛使用,逐步投入商业运作,目前虽已有批量,但因价格不菲,仅在少部分 EMS 企业中得到应用。

不需要特制夹具,基本类型有 2D 检测和 3D 检测两种。

(1) 2D 检测:即穿透式,其图像亮度靠控制 X 光管电压、电流来控制,对于单面组装 PCB 类型最为适宜。其特点为:速度快,达 60 焊点/秒;能够衡量焊点平面指标;双面原件图像有叠加效应;价格相对便宜。

(2) 3D 检测:即旋转三维同步断层扫描,类似于医学 CT,其图像亮度保持一致,尤其适合双面高密度组装的 PCB。其特点为:速度快,60~70 焊点/秒;焊点 X 光图像无叠加效应,仅有部分阴影,适合焊点的细节参数的检查;因结构及控制复杂,价格昂贵。

## 7.2.3 新型检测技术

### 1. 数字电路引脚开路测试

利用并检测数字集成电路各引脚间形成的 PN 结效应,将信号输入和输出的探针逐次在 IC 各引脚移动,从而判断 IC 好坏以及焊盘与引脚的电连接质量等。

### 2. 电容感应引脚开路测试

利用电路在一定频率电流信号的激励下,被测 IC 引脚与测试点之间的交流变化信号值,通过位于被测元器件引脚上方或下方的电容传感器间感应的交流电压信号,经传感器将该交流电压值在检测设备中经过滤波、放大转换成为可被测量仪表识别的测试数值,将该数值与标准的测试数值相比较,来判断相应引脚的焊接质量。

**3. 边界扫描测试**

该项技术的应用基础是在被测对象输入、输出端子中增加边界扫描单元电路,目的是减少测试点数量,能够验证被测对象的功能、结构故障,简化测试程序,提高可测试率。

从理论上而言,该项目技术可应用于器件和 PCB 两个层次上。具体技术标准参见 IEEE 1149.1,适合于复杂、大规模电路的器件和 PCB 检测应用,但有一定的成本要求,多用于 ICT 上。

# 思 考 题

1. 传统仪器与现代仪器的区别何在?分别包含哪些仪器?
2. 虚拟仪器的定义是什么?
3. 电子产品的调测过程是怎样的?
4. 常用的测试仪器有哪些?
5. 电子产品的故障排除有哪些方法?请举例说明。

# 第8章 电子工艺实训内容

## 8.1 THT手工焊接训练

**1. 实验任务**

通过组装直流稳压电源充电器或磁控声光报警器,学会识别及测量常用电子元器件,熟悉电子产品制作时的常用工具与材料,训练基本焊接技术。

**2. 知识目标**

(1)学习二极管、三极管等常用元器件的工作原理。

(2)学习常用元器件的基本用途及标志的意义。

(3)学习常用焊接工具材料的性能及用途。

(4)学习直流稳压电源或磁控声光报警器的电路组成以及电路的原理。

**3. 技能目标**

(1)能熟练识别判断常用元器件的类型、型号、数值、极性。

(2)能熟练使用万用表,学会测量元器件的好坏、参数、极性。

(3)能熟练进行焊盘焊接、导线焊接、装配等工艺。

**4. 实训项目1——直流稳压电源充电器**

1)稳压电源充电器原理

直流稳压电源充电器是将交流电转变为稳定的直流电的一种电路,它由电源变压器、整流滤波、稳压电路以及两组恒流源充电电路组成,如图8-1所示。稳压过程是该电路的重点,以3 V稳压输出为例介绍其稳压过程。

图 8-1 ZX-2052型直流稳压电源充电器组成框图

图8-1所示的框图实际上是一个闭环调整系统,其原理图如图8-2所示。
当电源电压或负载有波动时,从输出电压 $V_0$ 得到反馈取样电压:

$$V_F = \frac{R_6}{R_4 + R_6} V_0 = \eta V_0$$

图 8-2   ZX-2052 型直流稳压电源充电器原理图

其中,取样分压比为: $\eta = \dfrac{R_6}{R_4 + R_6}$。

基准电压(LED$_2$ 上的电压)不变,而 $V_F$ 经放大器 VT$_3$ 放大,改变了 VT$_3$ 的 $V_{CE}$ 并加到了 VT$_2$ 管子的基极。VT$_2$ 和 VT$_1$ 组成复合三极管(增加了放大倍数,加强了调整能力),从而改变调整管 VT$_1$ 的 $V_{CE}$ 两端的压降,使输出电压 $V_0$ 恢复到原来的稳定值上。调整管 VT$_1$ 的调整是依靠取样环节 $V_F$ 的微小变化和 VT$_3$ 的放大作用来实现的。放大环节 VT$_3$ 的放大倍数越高,调整作用越强,$V_0$ 就越稳定。

2)实验仪器、材料

(1)工具和仪器:电烙铁、镊子、螺丝刀、万用表、焊锡、助焊剂等。

(2)ZX-2052 型直流稳压/充电器教学套件,如图 8-3 所示。

图 8-3   ZX-2052 型直流稳压电源充电器教学散件一套

3)实验步骤

(1)元器件测量。

（2）元器件整形。

（3）元器件插装。

（4）检查插装是否正确和符合标准。

（5）焊接。

注意：（1）变压器的连接工艺。变压器初级和电源线相连，电源变压器的初级红色在与电源插头输入线相时一定要套上热缩管，然后用电烙铁将热缩管缩紧，使接头处不外露，以保证安全，次级黑色直接焊在电路板上，变压器初级和 220 V 电源线相连，连接步骤如图 8-4 所示。

(a) 两线错位 15 mm 剥头    (b) 对接 4～8 mm    (c) 连接处焊接    (d) 固定热缩套管

图 8-4　变压器电源线连接工艺

（2）电路板 IN 处接变压器的 9V 交流，即变压器的次极端。电路板 OUT 处接十字线，如图 8-5 所示。

图 8-5　电路板 OUT 处接十字线和电路板 IN 处接变压器的 9 V 交流参考图

4）产品检测与测量技术参数（直流稳压电源充电器）

（1）空载输出电压测量。用万用表直流电压挡 20 V 测量：拨动开关 $S_1$ 分别测量两组输出电压，测得的电压值应与面板指标值 3 V、6 V 相对应（记录两个电压值）。面板上 $S_2$ 开关为输出电压极性选择开关，应与面板标出的位置符号相对应。

（2）最大负载电流测量。接上稳压电源测量仪，改变负载，当电压下降 5％时的电流值。（记录此时的电流值）。

（3）过载保护功能测量。接上稳压电源测量仪，改变负载时电流逐渐增加到一定值，使过载保护指示灯亮并且电源指示灯亮，记录此时的电流值。

（4）充电电流测量。充电通道内不装电池可用万用表直流电流挡直接测量充电器两端的极片（记录快充、普充电流值）。

5）实验成果及要求

完成 THT 的焊接组装，达到工艺标准、功能性能标准。

6）成绩评定

成绩评定项包括：焊点焊接；导线连接；器件装配；功能实现；实验报告。

### 5. 实训项目 2——ZX-2037 磁控声光报警器

1）ZX-2037 磁控声光报警器原理

其电路图如图 8-6 所示,本电路由三个部分组成:由 $VT_1$、$VT_2$ 等元件组成的双稳态多谐振荡器,IC 为报警器音乐芯片,由 $VT_4$、干簧管等元件组成的磁控电路。

电源开关 K 闭合后,如果磁铁靠近干簧管 GH,则干簧管 GH 处于闭合状态,$VT_4$ 的发射极和基极等电位,$VT_4$ 处于截止状态,相当于开关断开,于是未能给多谐振荡电路和报警电路提供电源,于是二者不工作;当磁铁离开干簧管 GH,则干簧管 GH 处于断开状态,$VT_4$ 处于饱和状态,相当于开关闭合,于是给多谐振荡器和报警器供电,二者工作,即开始"闪光"和"报警"。

报警器采用 K9561 芯片,三极管 $VT_3$ 采用 9013 三极管,用来驱动扬声器 BL 的工作,$R_3$ 是 K9561 芯片的外接振荡电阻,用来控制声音的频率。

图 8-6　ZX-2037 磁控声光报警器

2）实验仪器、材料

（1）工具和仪器:电烙铁、镊子、螺丝刀、万用表、焊锡、助焊剂等。

（2）ZX-2037 磁控声光报警器教学套件,如图 8-7 所示。

图 8-7　ZX-2037 磁控声光报警器教学套件

3）实验步骤

（1）元器件测量。

（2）元器件整形。

（3）元器件插装。

（4）检查插装是否正确和符合标准。

（5）焊接。

注意：（1）安装过程中遵循"从低到高，元器件标号方向一致性"的原则。

（2）发光二极管正负极，三极管 E/B/C 极性，电解电容正负极性不要装错。

（3）预制玻璃干簧管时，为防止干簧管破裂，在弯脚时应避开干簧管根部。

（4）要全面考虑，注意安装工艺及安装空间。

（5）音乐发声芯片要先打磨并上助焊剂，装在焊接面。

（6）主板到音乐芯片有三个短接线要连接。

（7）发光二极管焊在焊接面，并注意调整高度，从磁控声光报警器外壳小孔透出。

（8）导线和喇叭要求先预制上锡，再连接。

（9）弯脚开关（单刀双掷）的三个引脚要先用砂纸除去氧化层。

4）实验成果及要求

完成 THT 的焊接组装，达到工艺标准、功能性能标准。

5）成绩评定

成绩评定项包括：焊点焊接；导线连接；器件装配；功能实现；实验报告。

##  8.2　SMD/SMC 手工焊接训练

### 1. 实验任务

通过组装一台彩色流水灯或八路抢答器，学会手工焊接贴片元器件，掌握 SMD 手工焊接技巧，达到熟练焊接的目的。

### 2. 知识目标

（1）学习彩色流水灯的工作原理，以及其电路的组成。

（2）学习集成电路计数器的逻辑功能及使用方法。

（3）学习时钟脉冲发生器的组成及工作原理，学会时钟脉冲波形的测量。

### 3. 技能目标

（1）能熟练掌握手工焊接 SMD 元器件。

（2）能熟练掌握用万用表测量电路参数：电阻、电压、电流。

（3）能熟练掌握直流稳压电源、示波器的使用方法，学会测量电路波形、频率、伏值。

### 4. 实训项目 1——彩色流水灯

1）彩色流水灯项目原理

如图 8-8 所示，彩色流水灯电路原理为：由集成电路 NE555 及外围元件组成了时钟脉冲产生电路，输出的时钟脉冲信号输入到 CD4017 计数器进行计数，并按输入方波的信号节拍轮流顺序驱动点亮 10 个发光二极管。

图 8-8 彩色流水灯电路图

2）实验仪器、材料

（1）工具仪器：稳压电源、示波器、电烙铁、镊子、斜口钳、万用表、焊锡、助焊剂等。

（2）ZX-2055 彩色流水灯教学套件，如图 8-9 所示。

图 8-9 材料清单；对应元器件实物

3）贴片元件的安装位置

贴片元件的安装位置，如图 8-10 所示。

图 8-10 贴片元件的安装位置

4）插件元件的安装位置

插件元件的安装位置，如图 8-11 所示。

红+
黑+

220 μF电容  2.2 μF电容  可调电阻

图 8-11　插件元件的安装位置图

注意：$J_1$，$J_2$，$J_3$ 可以利用剪下的电阻引线或电容引线；电解电容 $C_1$，$C_2$ 安装时，阴影部分是负极，正负极端不能装反。

5）产品检测与测量技术参数

测量参数包括：集成电路 NE555 第 3 脚波形；幅值 $V_m$；频率及整机电流，如表 8-1 所示。

表 8-1　产品检测与测量技术参数

| 波　　形 | 幅值 $V_m$ | 频　　率 | 整 机 电 流 |
|---|---|---|---|
|  |  |  |  |

6）实习成果及要求

完成 SMD 贴片元器件的手工焊接，达到工艺指标和功能性能指标。

7）成绩评定

成绩评定项包括：焊点焊接；导线连接；整机装配；功能实现；实验报告。

**5．实训项目 2——八路抢答器**

1）八路抢答器电路原理

八路抢答器电路包括抢答、编码、优先、锁存、数显及复位电路。可同时进行八路优先抢答，按键按下后，蜂鸣器发声，同时（数码管）显示优先抢答者对应的号数，抢答成功后，再按按键，显示不会改变，除非按复位键。复位后，显示清零，可继续抢答。$S_1 \sim S_8$ 为抢答键，$S_9$ 为复位键。CD4511 是一块含 BCD-7 段锁存/译码/驱动电路于一体的集成电路，其中 1、2、6、7 脚为 BCD 码输入端，9～15 脚为显示输出端，3 脚（LT）为测试输出端，当 LT 为 0 时，输出全为 1，4 脚（BI）为消隐端，BI 为 0 时输出全为 0，5 脚（LE）为锁存允许端，当 LE 由 0 变为 1 时，输出端保持 LE 为 0 时的显示状态。16 脚为电源正，8 脚为电源负。

NE555 及外围电路组成抢答器讯响电路，数码管接 0.5 寸共阴数码管，八路抢答器电路原理图如图 8-12 所示。

2）实验仪器、材料

（1）工具仪器：稳压电源、示波器、电烙铁、镊子、斜口钳、万用表、焊锡、助焊剂等。

（2）教学套件：ZX-2070 八路抢答器。

3）产品检测与测量技术参数

测量参数包括：集成电路 NE555 第 3 脚波形；幅值 $V_m$；频率及整机电流，如表 8-2 所示。

图 8-12　八路抢答器电路原理图

表 8-2　产品检测与测量技术参数

| 波　形 | 幅值 $V_m$ | 频　率 | 整　机　电　流 |
|---|---|---|---|
| | | | |

4）实习成果及要求

完成 SMD 贴片元器件的手工焊接，达到工艺指标和功能性能指标。

5）成绩评定

成绩评定项包括：焊点焊接；导线连接；整机装配；功能实现；实验报告。

##  8.3　SMT 表面贴装技术训练

### 1. 实验任务

通过组装一台贴片元件调频收音机产品学习 SMT 现代焊接技术。掌握贴片设备的正确使用。

### 2. 知识目标

（1）学习无线电传输的基本知识。

（2）学习收音机工作的基本原理。

（3）学习 SMT 现代焊接技术的现状和发展方向。

### 3. 技能目标

（1）体验 SMT 三道主要工序（刷锡、贴装、焊接）的技术特点。掌握半自动化设备：刷锡机、贴片机、焊接机的操作方法。

（2）掌握握半自动化设备：刷锡机、贴片机、焊接机的操作方法。

（3）掌握 SMD 和 THT 混装工艺流程和装配方法。

### 4. 调频收音机原理

迷你型 FM 收音机电路的核心是单片收音机集成电路 SC1088。它采用特殊的低中频

(70 kHz)技术,外围电路省去了中频变压器和陶瓷滤波器,使电路简单可靠,调试方便。SC1088 引脚功能如表 8-3 所示,调频收音机电路原理图如图 8-13 所示。

**表 8-3　FM 收音机集成电路 SC1088 引脚功能**

| 引脚 | 功　能 | 引脚 | 功　能 | 引脚 | 功　能 | 引脚 | 功　能 |
|---|---|---|---|---|---|---|---|
| 1 | 静噪输出 | 5 | 本振调谐回路 | 9 | IF 输入 | 13 | 限幅器失调电压电容 |
| 2 | 音频输出 | 6 | IF 反馈 | 10 | IF 限幅放大器的低通电容器 | 14 | 接地 |
| 3 | AF 环路滤波 | 7 | 1 dB 放大器的低通电容器 | 11 | 射频信号输入 | 15 | 全通滤波电容搜索调谐输入 |
| 4 | $V_{CC}$ | 8 | IF 输出 | 12 | 射频信号输入 | 16 | 电调谐 AFC 输出 |

**图 8-13　FM 收音机的电路原理图**

1)FM 信号输入

如图 8-13 所示,调频信号由耳机线输入经 $C_{14}$、$C_{15}$ 和 $L_3$ 的输入电路进入 IC 的 11、12 脚混频电路。此处的 FM 信号为没有调谐的调频信号,即所有调频电台信号均可进入。

2)本振调谐电路

本振电路中的关键元器件是变容二极管,它是利用 PN 结的结电容与偏压有关的特性制成的可变电容。

如图 8-14(a)所示,变容二极管加反向电压 $U_d$,其结电容 $C_d$ 与 $U_d$ 的特性如图 8-14(b)所示,为非线性关系。这种电压控制的可变电容广泛应用于电调谐、扫频等电路。

该电路中,控制变容二极管 $VD_1$ 的电压由 IC 第 16 脚给出。当按下扫描开关 $S_1$ 时,IC

图 8-14　变容二极管

内部的 RS 触发器打开恒流源,由 16 脚向电容 $C_9$ 充电,$C_9$ 两端电压不断上升,$VD_1$ 电容量不断变化,由 $VD_1$、$C_8$、$L_4$ 构成的本振电路的频率不断变化而进行调谐。当收到电台信号后,信号检测电路使 IC 内的 RS 触发器翻转,恒流源停止对 $C_9$ 充电,同时在 AFC(automatic frequency control)电路作用下,锁住所接收的广播节目频率,从而可以稳定接收电台广播,直到再次按下 $S_1$ 开始新的搜索。当按下复位开关 $S_2$ 时,电容 $C_9$ 放电,本振频率回到最低值。

3) 中频放大、限幅与鉴频

电路的中频放大、限幅及鉴频电路的有源器件及电阻均在 IC 内。FM 广播信号和本振电路信号在 IC 内混频器中混频产生 70 kHz 的中频信号,经内部 1 dB 放大器、中频限幅器,送到鉴频器检出音频信号,经内部环路滤波后由 2 脚输出音频信号。电路中 1 脚的 $C_{10}$ 为静噪电容,3 脚的 $C_{11}$ 为 AF(音频)环路滤波电容,6 脚的 $C_6$ 为中频反馈电容,7 脚的 $C_7$ 为低通电容,8 脚与 9 脚之间的电容 $C_{17}$ 为中频耦合电容,10 脚的 $C_4$ 为限幅器的低通电容,13 脚的 $C_{12}$ 为中限幅器失调电压电容,$C_{13}$ 为滤波电容。

4) 耳机放大电路

由于用耳机收听,所需功率很小,本机采用简单的晶体管放大电路,2 脚输出的音频信号经电位器 $R_P$ 调节电量后,由 $VT_3$、$VT_4$ 组成复合管甲类放大电路。$R_1$ 和 $C_1$ 组成音频输出负载,线圈 $L_1$ 和 $L_2$ 为射频与音频隔离线圈。

**5. 实验仪器、材料**

(1) 工具:恒温电烙铁、斜口钳、镊子、螺丝刀等。

(2) 仪器:数字万用表、LCR 测试仪、示波器、直流电源等。

(3) 设备:T1200 刷锡机、BGA3000 贴片机、T300 回流焊机。

(4) ZX-2031 型收音机套件。

**6. SMT 实训流程**

SMT 实训(迷你型 FM 收音机)的操作流程如图 8-15 所示。

第一道工艺:刷锡,如图 8-16 所示。

在操作时应注意以下几点。

(1) 锡膏的存储方式:放在冰箱内,存储温度为 5～10 ℃。

(2) 锡膏在使用前必须放在室温下回温,2 h 后方可使用。

(3) PCB 与模板网孔必须对齐,以免印刷偏位。

(4) 加锡膏时不可放入太多的锡膏,锡膏在模板上的厚度为 1.5～2 cm。

(5) 模板印刷的美好度:保证网孔上面没有残留的锡膏。

(6) 锡膏检查:印刷后的锡膏,在焊点上不可有短路、偏位、少锡等不良现象。

第二道工艺:贴片。

贴片时应先贴装 IC 芯片,然后贴装贴片式电阻、电容等。

图 8-15 SMT 实训的流程

(a) 模板检查　　　(b) 锡膏回温　　　(c) 印刷机准备　　　(d) 基板定位

(e) 模板与基板对位　　(f) 锡膏印刷　　　(g) 印刷完成　　　(h) 印点检查

图 8-16　刷锡流程

注意：(1) 元件贴装须注意位置是否与图纸相对应。

(2) IC 芯片须注意指向标识(第 1 引线位置)。

(3) 贴装时,要向下轻压芯片。防止元件因浮在焊膏上,回流焊时出现立碑、偏位等现象。元件贴装后的效果如图 8-17 所示。

图 8-17　贴片元件贴装后的效果图

第三道工艺:焊接。

基板随着传送带的滚动,依次通过 3 个温区,即预热区、回流区、冷却区,完成焊接,全程需 3～4 分钟。

第四道工艺:焊接质量检查。

不能有虚焊、漏焊以及桥接、立碑等现象。出现问题时应手动补焊。

第五道工艺:THT 元件插装。

将 THT 元件插装在 PCB 板上的相应位置,然后进行手工焊接。

第六道工艺:调试、总装、交验。

表笔
+
−

图 8-18　万用表跨接测电流

（1）测总电流。开关断开,用万用表直流 200 mA 挡（数字表）或 50 mA 挡（指针表）串接在开关断开的两端测电流（如图 8-18 所示）,用指针表时注意表笔极性。不插入耳机的场合,工作电压 3 V 时,工作电流约为 5 mA。

插入耳机后正常电流应为 7～30 mA（与电源电压有关）,样机检测结果如表 8-4 所示,可供参考。

表 8-4　样机检测参考值

| 工作电压/V | 1.8 | 2 | 2.5 | 3 | 3.2 |
|---|---|---|---|---|---|
| 工作电流/mA | 8 | 11 | 17 | 24 | 28 |

**注意:** 如果电流为零或超过 35 mA 应检查电路。

（2）搜索电台广播。如果电流在正常范围,可按 $S_1$ 搜索电台广播。只要元器件质量完好、安装正确、焊接可靠,则不用调任何部分即可收到电台广播。如果收不到广播应仔细检查电路,特别应检查有无错装、虚焊、漏焊等缺陷。

（3）调接收频段。我国调频广播的频率范围为 87～108 MHz,调试时可找一个本地频率最低的 FM 电台（如在武汉,武汉交通台为 89.6 MHz）。适当改变 $L_4$ 的匝间距,使按过复位键 $S_1$ 后第一次按搜索键 $S_2$ 可收到这个电台。由于 SC1088 集成度高,如果元件一致性较好,一般收到低端电台后均可覆盖 FM 频段,故可不调高端而仅做检查,可用一个成品 FM 收音机对照检查。

（4）调灵敏度。本机灵敏度由电路及元件决定,调好覆盖后即可正常收听。无线电爱好者可在收听频段中间电台（如 97.4 MHz 音乐台）时适当调整 $L_4$ 匝距,使灵敏度最高（耳机监听音量最大）,不过实际效果不明显。

**7. 成绩评定**

成绩评定项包括:装配工艺;试听与测量;功能实现;实验报告。

## 8.4　PCB 电路板的设计与制作

**1. 实验任务**

通过第 6 章的内容学习,用 Protel 99 SE 设计 OCL 音频功率放大器的原理图、PCB 图后,继而打印电路图,热转印,腐蚀,钻孔,焊接,调试,制作出 OCL 实物。

**2. 知识目标**

（1）学习三极管组成的音频功率放大器的种类：甲类、乙类、甲乙类、互补推挽等几种类型。

（2）学习复合三极管组成的几种形式。

（3）学习克服音频功率放大器失真的方法。

（4）学习电路板制作工艺流程。

**3. 技能目标**

（1）掌握使用热转印机将打印的 PCB 电路图转印到覆铜板上的方法。

（2）掌握蚀刻机将 PCB 电路板完好腐蚀。

（3）掌握使用电动台钻在 PCB 电路板的焊盘上准确钻孔。

**4. OCL 音频功率放大器的原理**

OCL 音频功率放大器是一种直接耦合的功率放大器，它具有频响宽，保真度高，动态特性好及易于集成化等特点。OCL 是英文 output capacitor less 的缩写，意为无输出电容。采用正负电源供电，在电压不太高的情况下，也能获得比较大的输出功率，省去了输出端的耦合电容，使放大器低频特性得到扩展。OCL 音频功率放大电路也是定压式输出电路，由于电路性能比较好，所以广泛地应用在高保真扩音设备中。本次实验主要采用分立元件电路进行设计制作。OCL 音频功率放大器由音量调节、前级放大、互补推挽功率输出三级电路组成。如图 6-13 所示的 OCL 音频功率放大电路原理图。

**5. 实验仪器、材料**

（1）工具：恒温电烙铁、斜口钳、镊子、螺丝刀、砂纸、热转印纸、铜板、助焊剂等。

（2）仪器：Protel 99 SE 软件、数字万用表、LCR 测试仪、示波器、直流电源、打印机、热转印机、蚀刻机、钻孔机等。

（3）ZX-2024 OCL 音频功放教学套件。

**6. 实训步骤**

（1）用 Protel 99 SE 软件绘制原理图，参见 6.3 节，Protel 99 SE 软件设计步骤如图 8-19 所示。

**图 8-19 Protel 99 SE 软件设计步骤**

（2）用 Protel 99 SE 软件绘制 PCB 图，参见 6.4 节。

（3）单面 PCB 制作。

① 用砂纸在水中打磨覆铜板，除去氧化及油污，如图 8-20（a）所示。

② 检查打印的 PCB 热转印纸有无断线，如图 8-20（b）所示。

③ 将 PCB 热转印纸贴在覆铜板上后平稳送入热转印机中（165 ℃）热转印两遍，冷却后慢慢撕下热转印纸，如图 8-20（c）所示。

④ 检查有无断线，可用涂改笔添补断线处，如图 8-20（d）所示。

⑤ 送入蚀刻机（45 ℃）进行腐蚀，注意观察蚀刻进度，如图 8-20（e）所示。

⑥ 蚀刻后的 PCB 板用水清洗然后钻孔，有 0.8 mm 和 1.2 mm 两种孔径，如图 8-20（f）所示。

⑦ 钻孔后在水中打磨，除去黑色喷墨，吹干。

⑧ 用液体松香助焊剂均匀涂抹在 PCB 板上，吹干。

(a) 打磨　　　　　(b) 打印PCB图　　　　　(c) 热转印

(d) 检查热转印效果　　　　　(e) 腐蚀　　　　　(f) 打孔

图 8-20　单面 PCB 制作步骤

（4）焊接、测试。

电路中均为插件元件安装，遵循"从低到高，从左到右，从上到下"原则。其中，发光二极管正负极，三极管 E/B/C 极性，电解电容正负极性不要装错。

**7. 成绩评定**

成绩评定项包括：PCB 制作；焊接；装配工艺；试听与测量；功能、性能实现；实验报告。

# 参 考 文 献

[1] 孙惠康,冯增水.电子工艺实训教程[M].3 版.北京:机械工业出版社,2011.

[2] 王天曦,王豫明.现代电子工艺[M].北京:清华大学出版社,2009.

[3] 王正谋,朱力恒.Protel 99 SE 电路设计与仿真技术[M].福州:福建科学技术出版社,2008.

[4] 曹海泉,李威.电工与 SMT 电子工艺实训[M].武汉:华中科技大学出版社,2010.

[5] 王卫平.电子工艺基础[M].3 版.北京:电子工业出版社,2011.

[6] 清源科技.Protel 99 SE 电路原理图与 PCB 设计及仿真[M].北京:机械工业出版社,2011.